地基基础工程的概念设计与细部设计

王荣彦　杜明芳　王江锋　许录明　著

黄河水利出版社

·郑 州·

内 容 提 要

本书是作者 20 年来对自己所从事的地基基础工程领域里勘察与设计经验的总结和提炼。

作者首先从岩土工程概念设计的含义和内容入手进行阐述,包括以下内容:岩土工程概念设计的提出及含义、地基基础工程的概念设计及典型案例、建筑场地稳定性分析与评价、地基基础工程的细部设计、螺杆桩、复合桩、基础工程反分析。

本书具有实用性和应用性特点,文中提出的地基基础工程的概念设计是在科学和先进的岩土工程设计理论指导下基于工程实践的经验积累和总结,强调"面向条件和问题,提出方案和措施"的设计理念,对从事地基基础工程勘察、设计、施工及大中专院校培养研究型工程师具有一定的指导和借鉴作用。

图书在版编目(CIP)数据

地基基础工程的概念设计与细部设计/王荣彦等著.—郑州:黄河水利出版社,2020.10
ISBN 978-7-5509-2815-2

Ⅰ.①地… Ⅱ.①王… Ⅲ.①地基-基础(工程)-建筑设计 Ⅳ.①TU47

中国版本图书馆 CIP 数据核字(2020)第 176675 号

出 版 社:黄河水利出版社
　　　　　地址:河南省郑州市顺河路黄委会综合楼 14 层　　邮政编码:450003
发行单位:黄河水利出版社
　　　　　发行部电话:0371-66026940、66020550、66028024、66022620(传真)
　　　　　E-mail:hhslzbs@126.com
承印单位:河南承创印务有限公司
开本:787 mm×1 092 mm　1/16
印张:9.25
字数:214 千字　　　　　　　　　　印数:1—1 000
版次:2020 年 10 月第 1 版　　　　印次:2020 年 10 月第 1 次印刷
定价:65.00 元

前　言

20余年来,城市建设突飞猛进,随着高层、超高层建筑及多层地下空间的开发利用,城市建设由平原逐渐向山区、丘陵发展,开山填沟、高挖低填等必不可少,与之关联的地基处理和建筑基础选型问题随之出现,如何进行安全、合理的基础选型摆在了广大土木工作者面前,如:①山区和丘陵地带高挖低填形成的地基基础处理和选型问题;②复杂岩溶地区的基础选型问题;③湿陷性黄土地区及临沟、临坡地段的基础选型问题;④液化地区的多桩型复合处理问题;⑤河南省部分地区桩端无较好持力层时的基础选型问题等。对初学者而言,要从复杂多样的地基基础方案中选择一个合适的地基处理方案,显然并非易事。如不能结合建筑特征及场地特点抓住主要矛盾或主要岩土问题就会犯原则性、颠覆性的错误。

做好岩土工程需要专业技能,即对工程地质、水文地质、环境地质、地质灾害工程及地质力学、材料力学、结构力学等的基本概念和基本原理的把握,掌握这些基本概念和基本原理是岩土工程师的必备技能,是基本的理论素养要求。岩土工程有很强的地域性和实践性特点,单纯的本本主义、纸上谈兵不能有效解决岩土工程问题,没有丰富的工程实践不可能有很强的综合判断能力。同时也要反对单纯的经验主义,即有了一些经验就强调经验的重要,那些零星的、简单的、片面的、初步的、局部的经验只能针对一时、一事,单纯强调这样的经验,也会犯原则性错误。如顾宝和大师所说,理论素养要和实践经验结合,只有根植于理论的经验才有生命力。

早在2008年,顾宝和大师在《岩土工程安全度》一书中提出岩土工程的概念设计问题,这里的概念设计强调的就是概念清晰、地质原理、力学理论和工程经验的普适性。

基于岩土边界条件的不确定性,地质参数的多样性、随机性及多解性,多种勘查手段并举成为查清或基本查清这些岩土工程条件的必备手段;而地基基础工程影响因素多样、地基基础类型复杂多变,也要求岩土工程师应具有综合分析和判断能力。十余年来作者进行了深入探索:地质理论、力学原理及规范、规程指导我们解决工程中的岩土问题,丰富的工程实践及监测资料又反过来促使我们思索,通过吸取成功的经验和失败的教训,从中提炼出工程经验和学术观点,以期能够指导以后类似工程的实践,如此往复循环、螺旋上升。最近几年来,作者又将这些观点和认识有意识地应用到许多地基基础工程的设计和施工中,以期得到检验和验证,逐渐形成目前的观点和认识。因此,基于解决以上基础问题的地基基础形式及基于工程实践衍生的基础设计理论或观点也就应运而生。

所谓的概念设计就是在这样的思维中逐渐形成的。即面向条件和问题,以现有地质工程理论及地区经验为指导,从具体场地的地质条件、工程特点和限制条件出发,先从确保安全和施工可行的角度提出符合现场实际的两种设计方案,再通过经济、工期的比较确定一种方案,然后对该具体方案进行计算和细化。

全书共分七章,由王荣彦、杜明芳、王江锋、许录明统一筹划。第1章岩土工程概念设计,由王荣彦、杜明芳编写;第2章地基基础工程的概念设计,由王荣彦负责编写;第3章建筑场地稳定性分析与评价,由王荣彦、王江锋、吴爱君编写;第4章地基基础工程的细部设计内容较多,包括天然地基、复合地基和桩基础,从内容看包括承载力设计和变形控制设计等,其中天然地基一节由吴爱君编写,复合地基由贾志宏、王江锋编写,桩基础由吴爱君、贾志宏编写;第5章螺杆桩由王荣彦、许录明编写;第6章复合桩由王荣彦、王江锋编写;第7章地基基础工程反分析由王荣彦、吴爱君编写。各章初稿完成后由王荣彦、杜明芳、王江锋、许录明对全书统一修改和定稿。吴爱君、孙豫、董国松负责编辑和校对工作。

本书是各作者十余年来对所从事的地基基础工程领域里勘察工作与设计工作经验的总结和提炼,在工作和成书过程中,在不同场合、不同时段的交流中得到了省内外大师、前辈的教育和指导,在与省内外专家、技术人员交流中也得到很多启示和提醒,同时在与省内外同行单位的交流中也得到许多技术支持和资料支持,其中引用的一些案例和资料限于条件不能一一明示,在此一并表示感谢。

技术经验和技术观点的积累非一朝一夕所能完成,加上各作者水平所限,书中尚有很多不足,敬请大家批评指正。

作 者
2020 年 8 月

目　录

1 岩土工程概念设计

1.1 问题的由来

岩土工程是土木工程的一个分支,以土力学、岩体力学、第四纪地质及地貌学、工程地质学、水文地质、地质力学、材料力学、结构力学、钢筋混凝土工程、基础工程等为理论基础,涉及对岩、土、水、热的利用、整治和改造的一门技术科学。岩土工程是一个包含门类广泛的系统工程,它以求解岩土体的工程问题作为自己的研究对象,因研究对象的不同,涉及的岩土工程问题也各有特点,如常见的地基基础工程、基坑工程、边坡工程、地下及隧道硐室工程、管廊工程等,涉及多个专业(如钻探、地质、物探、测量、地下水等)、贯穿于建筑施工的全过程(从可行性研究、初步设计、施工图设计到施工阶段、运行监测阶段等)。对建筑工程而言,在可行性研究阶段,为工程选址须进行必要的岩土工程咨询,在详勘阶段,要结合工程规模、工程特征及初步掌握的场地地质条件,采取各种勘察手段查明场地岩土工程条件,发现场地岩土工程问题,提出合适的地基基础方案。在施工阶段要进行基坑工程和地基处理的设计与施工,预测可能出现的岩土工程问题,规避工程风险,同时在施工过程中会发现大量的与勘察阶段完全不同的地质现象和地质问题,需要进行必要的动态设计,提出针对性的岩土工程处理措施。在建筑结顶及运行过程中要进行沉降监测,并可根据监测结果反演有关设计参数的准确性等。因此,可以说整个建筑过程中都离不开岩土工程专业的服务和指导,或者说在整个建筑过程中,岩土工程师面临的任务就是运用专业知识和专业技能为建筑过程提供全过程的专业服务和咨询。

以下原因决定了岩土工程是一个复杂的系统工程,需要进行岩土工程概念设计。

1.1.1 地质作用和地质演化的复杂性

岩土工作者工作和研究的对象是岩、土、水、热。要做好对岩、土、水、热的利用和改造,因地制宜为我所用,必须了解其赋存的大的地质环境。从地貌单元来讲,可分为构造剥蚀地貌(山地、丘陵和平原残丘)、山麓斜坡堆积地貌(又分为冲、洪积扇及山前平原和凹地)、河流侵蚀堆积(又分为河床、漫滩和阶地)、河流堆积地貌(又分为冲积平原和三角洲)、岩溶地貌(岩溶盆地、峰丛、石牙残丘、溶蚀平原)、冰川地貌、风成地貌等。单就第四纪形成的成因类型来看,就有重力堆积、流水堆积、海水堆积、地下水堆积、冰川堆积和风力堆积。就地层岩性而言,分为岩石和土,而岩石按照成因可分为岩浆岩、沉积岩和变质岩,按照工程地质特性可分为全风化岩、强风化岩、中风化岩和微风化岩;土按照不同的粒组组成分为巨粒土、粗粒土、细粒土(砂土),进一步细分为漂石、卵砾石、砾砂、粗砂、中砂和粉细砂、粉土、黏性土及特殊土。就地质构造而言,包括断层、褶皱、节理和裂隙。按照地质时代分,可分为老堆积土、一般堆积土和新近堆积土等。从以上不难看出,我们的工作对象地质作用和地质演化具有多样性和复杂性。

1.1.2　岩土体结构的不确定性

岩土是自然形成的,即使在同一地貌单元,岩土的组合关系也比较复杂,这里以黄河冲洪积平原为例,见图1-1。

从纵向上看,在65 m勘探深度内,形成三大工程地质段:①Ⅰ段:全新统新近沉积的粉土夹粉质黏土互层段,厚度18 m左右;②Ⅱ段:全新统中密—密实的粉细砂段,厚度13 m左右;③Ⅲ段:中更新统可塑—硬塑的粉质黏土,厚度30 m。

从横向上看,同一层稍密的粉土可渐变为稍密的粉砂,因此岩土体结构组合有很大的不确定性,竖向相变和水平相变均较大。从该地质剖面可以看到,该场地的岩土工程条件即"土性组合关系"具有很大的不确定性。

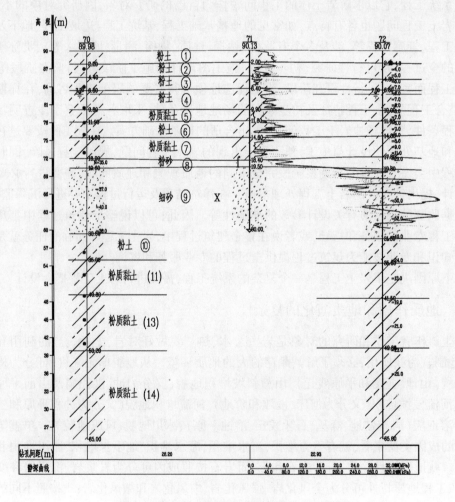

图1-1　黄河冲洪积平原典型地段地层剖面图

1.1.3 岩土参数的不确定性

不同的试验方法有不同的试验结果,采用直接剪切试验与采用不固结不排水和固结不排水试验会得到相差较大的结果,这里仍以图1-1所示的第Ⅰ段新近沉积的粉土夹粉质黏土互层段为例进行说明,即使是同一层土,采用同一试验方法,也会得到不同的黏聚力和内摩擦角,有时可相差30%~50%,以下为图1-1显示的第Ⅰ段工程地质段内各层土直接剪切试验统计结果的平均值,见表1-1。

表1-1 各层土直剪试验抗剪强度指标统计结果

参数		土层						
		① 粉土	② 粉土	③ 粉土	④ 粉土	⑤ 粉质黏土	⑥ 粉土	⑦ 粉质黏土
内摩擦角 φ (°)	样本数	8	9	9	10	6	7	8
	区间值	16.0~21.0	10.5~23.0	13.0~22.5	14.0~23.5	13.1~18.0	17.0~24.0	11.1~17.5
	平均值	17.8	17.9	18.1	19.4	15.3	18.8	13.6
	变异系数	0.324	0.39	0.40	0.32	0.32	0.33	0.36
黏聚力 c (kPa)	样本数	8	9	9	10	6	7	8
	区间值	13.5~20.2	10.2~22.0	16.0~21.2	17.0~22.3	17.0~28.6	10.0~23.2	15.5~30.3
	平均值	16.5	15.2	18.5	19.6	23.3	17.4	22.6
	变异系数	0.26	0.38	0.41	0.33	0.31	0.36	0.38

而我们通常采用的是其建议值,一般是在对某层土的工程地质特征准确把握的基础上结合区域经验和本次在剔除异常值后的试验成果进行综合分析后得到的。

1.1.4 裂隙水和孔隙水压力的多变性

自然界中岩石有空隙和裂隙,土中有孔隙,其间赋存着不同类型的水,如液态水、气态水和固态水。液态水可分为结合水、重力水和毛细水。地下水的分类方法很多,按照地下水的埋藏条件,可分为包气带水、上层滞水、潜水和承压水。岩石中的水可分为裂隙水、岩溶水和裂隙岩溶水,而裂隙水可分为脉状、网状、层状水。不同的岩土介质其富水性、透水性和水压力差别非常大,要查清非常困难。

即使对比较容易查清的位于冲洪积平原地带的潜水和承压水而言,其地下水位在不同年代、不同季节也差别较大,在勘察设计阶段又分为勘察期间的地下水位、近3~5年的地下水位和历史最高水位等。

1.1.5 计算模式和边界条件的不确定性

岩土工程的问题一般包括场地稳定问题、基础选型中地基承载力不足和变形控制问题、渗流问题、抗浮问题等,这里以承载力计算为例加以说明。承载力计算包括天然地基的承载力计算、复合地基的承载力和桩基础的承载力计算,这里既有土的承载力计算,也有增强体或者桩基的承载力计算,而对土的承载力而言,又有极限标准值、特征值、设计值、允许值之分。可以说其计算模式、假定条件完全不一样,计算模式具有很大的不确定性。

1.1.6 取得地质信息的随机性和不完整性的特点

要取得比较准确、完整和全面的地质资料,需要综合的勘察手段(现场踏勘、测绘、钻探和各类原位测试手段),需要多专业结合,如水工环地质(工程地质、水文地质、环境地质)与工程钻探、工程测量、工程物探、计算机专业结合,也需要与结构(工民建)专业与机械专业结合等。即使这样,由于地质条件的复杂性和多样性,人类主观知识的不完善性,也难以取得完全准确全面的地质资料。

1.1.7 岩土工程设计理论与设计方法的假定性

有关岩土工程的设计理论及设计方法包括:

(1)传统的岩土工程设计方法。

容许应力法:是在正常使用条件下,比较荷载作用和岩土抗力,要求强度有一定储备,变形满足正常使用要求。荷载和抗力的取值都是定值,建立在经验的基础上。

单一安全系数法:也称总安全系数法,也是将设计变量视为非随机变量,用总安全系数表达,即在强度上根据经验打一折扣,作为安全储备。

$$K = \frac{R}{S} \geq [K] \tag{1-1}$$

式中:R、S、K 和 $[K]$ 分别为抗力、作用、安全系数和目标安全系数,由于抗力和作用是定值,所以总安全系数也是定值,都是经验的,因此这种安全度表达方法属于定值法。

(2)以分项系数表达的岩土工程极限状态设计方法。

承载能力极限状态:桩基达到最大承载能力、整体失稳或发生不适于继续承载的变形。

正常使用极限状态:桩基达到建筑物正常使用所规定的变形限值或达到耐久性要求的某项限值。

(3)就桩基础而言,如起始于20世纪90年代的桩基的承载力设计理论,桩基础的沉降计算理论、桩基础的混凝土强度控制理论等,10余年来出现了如桩基工程的变刚度调平设计理论,即通过考虑上部结构形式、荷载和地层分布以及相互作用效应,调整桩径、桩长、桩距等改变基桩支承刚度分布以使建筑物沉降趋于均匀、承台内力降低的设计方法。

(4)就复合地基而言,复合地基包括置换、加强、加固等,其中的"加固"作用是由土体与加强体共同作用形成的复合地基,也是从20世纪90年代开始,如对竖向增强体的复合地基就包括承载力设计理论,包括褥垫层、复合体变形控制设计理论及桩体强度控制理论等已列入规范,得到广泛认可并大量应用。

(5)就基坑工程而言,已由传统的从强度稳定控制设计转化为在复杂环境条件下的变形控制设计,关于这一点,已有专著论述。

(6)近10余年来提倡的岩土工程的概念设计和细部设计相结合的思路:提倡概念设

计和细部设计、施工过程中的优化设计、动态设计的设计思路。

上述的这些设计理论具有高度的概括性,这些设计方法也都是在一定假设条件下的设计方法,也有一定的局限性。

1.1.8　基础选型的多样性与影响因素的复杂性

对建筑的基础选型而言,它受上部结构、地质及地下水条件和环境条件的制约,影响因素较多。主要包括:

(1)上部结构及地下结构特点与荷载情况。

(2)地质及地下水条件。

(3)特殊土的分布、特征及深度。

(4)不良地质问题,如崩塌、滑坡、泥石流、地面沉降、地裂缝及地震液化的存在。

(5)环境条件的影响与限制。

(6)当地勘察、设计经验。

(7)新技术、新工艺的发展。

综合上述因素,由于地质作用和地质演化的复杂性、岩土体结构的不确定性、岩土参数的不确定性、裂隙水和孔隙水的多变性、计算模式和边界条件的不确定性、取得这些地质信息的随机性和不完整性,以及目前的岩土工程设计理论与设计方法具有较多的假定条件,且明显滞后于实践,再加上基础选型的多样性及其影响因素的复杂性,使得岩土工程这门学科还是不严密、不完善,不够成熟的科学技术。岩土工程与结构工程比较,具有更大、更多的不确定性,不易定量计算,且单纯的计算是不可靠的。既不能盲目相信计算,也不能盲目相信直观经验,不能把甲地的勘察、设计经验盲目地搬到乙地使用。

1.2　岩土工程概念设计的提出

所有这些不确定因素决定了岩土工程的勘察设计不得不依靠经验判断及综合分析,在理论导向和经验判断的基础上进行设计决策。如刘建航院士所说,对于岩土工程设计,需要"理论导向,经验判断,实测定量"。科学的理论能使我们透过现象,看到本质,举一反三,仅凭直观和局部经验处理问题,极易犯概念性、原则性的错误。只有植根于理论的经验才有生命力。

经验判断是建立在对区域勘察、设计经验大量吸收、消化的结果,当然也包括对失败教训的分析和总结。现场试验包括在现场的各类原位测试,天然地基、复合地基、桩基的载荷试验,锚杆、锚索的抗拔试验及有关的试验性施工等。

地基基础方案的多种多样会使初学者在面对建造在具有复杂岩土工程问题上的建筑场地的各类建筑(如多层、小高层、高层等)进行基础选型时无所适从,迫切需要从中找到符合现场实际条件和具体建筑特点的地基基础方案,因为一旦方案选型出现错误,意味着以后的所有细部设计需要推倒重来,且不说做了大量的无用功,一旦不幸应用到实际工程中,轻则增大建筑成本、拖延施工工期,重则可能会犯原则性、颠覆性的错误,甚至可能出现影响建筑安全的事故。而具体地基基础方案的选型也绝非一日之功,需要在具体的岩土工程设计理论和经过大量实践检验出的成功经验为指导的基础上进行设计决策。

岩土工程的概念设计就是在这样的大背景下产生的,它是一种思路设计或者方向性设计,具有举旗定向、引领导航的作用,强调面向条件(指影响工程地基基础选型的地质条件、地下水条件和环境条件)和问题(指影响工程地基基础选型的各类地质和特殊土问题),以场地存在的岩土工程问题为导向,抓住影响工程成败的关键和重点,提出两种安全、经济和具有施工可行性的地基基础方案,在对两种方案进行技术经济比较后确定一种合适的地基基础方案,在此基础上再针对该具体方案进行细部设计,包括地基承载力和地基变形的细部设计。

地质工程勘查设计施工监测反演流程如图 1-2 所示。

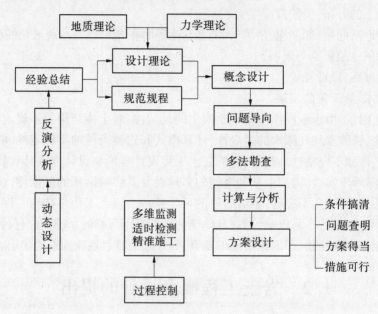

图 1-2　地质工程勘查设计施工监测反演流程

2 地基基础工程的概念设计

2.1 岩土工程的概念设计

2.1.1 概念的含义

概念是一种逻辑思维的基本形式之一,是反映客观事物的一般的、本质的特征,把所感觉到的事物的共同特点抽出来,加以概括,就形成概念。比如"白雪、白马、白纸"的共同特点就是"白"。

2.1.2 设计的含义

设计指在正式做某项工作前,根据一定的目的、要求,预先制定的方法、图纸等。

2.1.3 概念设计

概念设计就是对某类工程的共同特征进行归纳总结,形成对某类工程的看法或者处理意见,具有较高的概括性和指导性。

2.1.4 岩土工程的概念设计

笔者认为,岩土工程的概念设计指以场地具有的岩土工程条件(含环境条件)和岩土工程问题为研究对象,以现有岩土工程设计理论为指导,对某一地区多年来的勘察设计经验进行归纳、提炼,将其共同特征进行概括、总结,形成具有指导意义的经验或观点。

顾宝和大师[1]指出:"岩土工程概念设计"已成为岩土工程界的共识。他认为,设计原理、计算方法、控制数据(岩土体参数)是岩土工程设计的三大要素。其中设计原理最为重要,是概念设计的核心。掌握设计原理就是掌握科学概念,概念不是直观的感性认识,不是分散的具体经验,而是对事物属性的理性认识,是从分散的具体经验中抽象出来的科学真理。我们学习科学知识,最重要的就是学会掌握这些概念。解决工程问题时,概念不清,往往只见现象,不见本质,凭直观的局部经验处理问题。概念错了,可能犯原则性的错误;而概念清楚的人,能透过现象,看到本质,能够举一反三,能自觉地将设计理论和设计经验相结合。就岩土工程设计而言,力学原理、地质演化的科学规律和岩土性质的基本概念、地下水的渗流和运动规律及岩土与结构的共同作用等,都是我们常用的科学原理。

结合笔者的多年学习、研习及探索,笔者认为,岩土工程的概念设计应至少包括以下四个方面的内容,或者说要做好岩土工程的概念设计,它应是在熟练掌握和领会已有地质工程理论和力学原理基础上,以现有岩土工程设计理论和设计方法为指导,在当地地区经验指导下,结合具体案例先进行概念设计,在厘清思路、抓住关键地质或岩土问题基础上再进行细部设计,如地质分层、力学参数、分部分项工程的设计等。

2.1.4.1 地质工程理论、力学原理及二者结合的理论

这些地质工程理论包括基础地质学理论和专门地质理论:①基础地质学理论:如地貌学与第四纪地质学、三大岩理论、地质构造学;②专门地质理论(如工程地质学)、特殊土地质理论、软岩学、地质灾害类理论(如崩塌理论、滑坡学、泥石流理论等)、土体宏观控制论、岩体优势结构面控制理论等;③经典水文地质及水文水资源理论、专门水文地质学、地下水系统(如孔隙水、裂隙水及岩溶水等)、地下水动力学等。

常用到的力学理论包括材料力学、结构力学。

地质工程与力学原理结合的理论如土力学、岩体力学、水力学、钢筋混凝土结构等。

研究地质工程与力学原理结合的理论如土力学理论、岩体力学理论、地质力学理论。

早在2006年,范士凯大师对土质地基基础的设计提出了"工程地质宏观控制论"。2017年,在其专著《土体工程地质宏观控制论》一书中,提出以地貌学、第四纪地质学、地下水等地质理论为基础理论,把地貌单元、地层时代、岩性组合三要素作为决定土体宏观特性的指导思想,才是正确的工程地质研究思路。因很多城市极其依赖的基础设施(建筑地基、基坑、地铁、管廊、地库等地下空间应用)都建造在第四纪地层上,因此必须掌握第四纪地质特点,才能准确把握这些土体的基本工程地质问题。提出由区域到场地、由宏观到微观、由定性到定量的工程地质设计思路。

2.1.4.2 现有岩土工程设计理论与设计方法

岩土工程是主体工程的一部分,因此岩土工程安全度要与主体结构安全度协调,如设计原则协调、安全等级协调、安全储备协调等。

(1)国家现行规范对上部结构(主体结构)采用分项系数法和概率极限状态设计,所谓极限状态设计法,是指将结构或岩土置于极限状态进行分析的设计方法;所谓概率极限状态设计法,是指以概算理论为基础的极限状态设计方法,我国大部分工程结构的设计规范采用了这种设计方法。

(2)传统的岩土工程设计方法包括:①容许应力设计法;②单一安全系数法。地基基础则处于总安全系数设计阶段,部分容许应力设计阶段,如地基规范承载力;容许应力法,如挡土墙采用的单一安全系数法。

(3)对岩土工程而言,采用以分项系数表达的岩土工程极限状态设计方法:岩土工程承载能力极限状态、岩土工程正常使用极限状态。

(4)对天然地基而言,形成的地基均匀性评价、地基强度、变形和稳定理论。

(5)对复合地基而言,多年来形成的桩土共同作用,桩与土复合的有关承载、变形和稳定理论,如复合地基承载力计算、桩体承载力计算及刚性桩桩端下沉计算等。

(6)对桩基工程而言,桩基工程的承载力控制理论、强度控制设计理论和变形控制设计理论、桩基工程的变刚度调平设计等。

(7)基坑工程已有传统的强度稳定控制设计转化为在复杂环境条件下的变形控制设计(尚没有进入国家规范),具体可参见有关文献。

(8)近10余年来提倡的基于施工过程控制的动态设计方法。

2.1.4.3 地区经验的积累和提炼

对岩土工程而言,以往的地质工程师经常提到工程类比法,工程类比法实际就是对地区经验的总结和应用,以及对地区经验的积累和提炼。专家经验法也有异曲同工之妙。关于此方面将在本书2.4节详述。

2.1.4.4 面向场地不良地质现象和问题的概念设计

从事多年岩土工程勘察、设计的工程师,岩土工程师有很多感受:

(1)当建筑场地可能存在岩溶、土洞、崩塌、滑坡、泥石流等不良地质问题时,首先会意识到场地岩土工程问题复杂,因它直接关系到建筑场地的稳定性和安全性,也直接关系到建筑建成后能否安全、正常使用。

(2)当建筑场地临近边坡或冲沟时,会首先关注该边坡的稳定或考虑如何避让,确保安全距离。如土地资源紧张不能避让,则会考虑对边坡的整治和处理。

因此,当建筑场地可能存在上述不良地质问题时,应优先考虑如何避让或整治处理,在此基础上才能考虑进行合适的建构筑物的建设。

(3)以场地典型的岩土工程问题为导向,采取多种勘察手段进行勘察设计。

(4)强调对地区勘察、设计经验的总结、深化和完善,强调要及时引进、消化、吸收先进设计理念和先进工艺。当地已有的成熟的设计经验对区域性的地质问题有普遍的指导意义,要用经过检验、不断优化的地区经验指导具体工程的设计。

(5)强调对建筑上部结构特点、荷载条件、地下室及附属建筑特点的了解(了解设计要点);要有对拟建场地的地质条件、地下水条件、环境条件的综合分析,要了解业主的关切和要求等,强调对具体的设计要素和限制条件的把握。

(6)通过当地设计经验结合具体工程及有关限制条件基础上提出两种及以上必选方案,通过安全性、经济性及可行性对比,最终确定地基基础设计方案。

按照其设计内容分为天然地基的概念设计、复合地基的概念设计和桩基工程的概念设计。

岩土工程按照工作对象和设计内容的不同可分为地基基础工程、地下工程(如基坑工程、竖井工程、洞室工程、管廊工程等)、边坡工程等,那么相应的岩土工程概念设计也可分为地基基础工程的概念设计、地下工程的概念设计、边坡工程的概念设计等,以下仅对地基基础工程的概念设计进行分析。

一个合格的岩土工程师必须头脑清醒,紧扣"条件和问题",抓住关键和重点,通过各种勘察手段及综合分析,提出符合场地特征、结构特征的各类设计方案和设计措施。在建设过程中,随时解决施工中遇到的岩土工程问题,做好动态设计。在解决问题当中不断学习,如收集试桩、测桩及原位测试、沉降等岩土资料,进行动态设计,做好岩土工程反分析。即在岩土工程设计理论和设计方法的指导下,进行岩土工程实践和反分析,进而总结经验和教训,用岩土工程的基本理论和观点揭示这些问题与现象的本质。然后通过一个又一个工程实践经验反过来不断发展、充实岩土工程理论和设计方法,如此循环往复,将理论指导、方法优化、现场测试、工程实践、检测监测、反分析等有机结合,形成内容丰富、体系全面的岩土工程设计理论和设计方法。

理论来源于实践,又反过来服务于实践,所谓理论—实践—理论的有效循环,即在实践中提出有创新价值的观点、方法、工艺、发明等,应用到实际工程中进行检验,不断优化。

综合以上分析,笔者认为岩土工程概念设计是一种设计理念,它是思路设计(或者路线图设计)。强调要把握岩土工程系统性、复杂性、多样性特点,在勘查、设计、施工、检测与监测、动态设计等工序和环节上有机统一,它应以岩土工程可能存在的岩土工程问题为导向,以已有的岩土工程设计理论和设计经验为指导,面向"条件和问题"(各类岩土工程地质条件和岩土工程问题),通过各种勘查手段的运用,查明各类岩土工程条件及有关地质参数,预测可能的岩土工程问题,提出治理措施;再通过严密的结构计算、岩土计算、统计、分析,对其进行详细设计。

2.2　地基基础工程的概念设计

地基是指建筑物下面支承基础的土体或岩体。作为建筑地基的土层分为岩石、碎石土、砂土、粉土、黏性土和人工填土等。

基础是建筑物的地下部分,是墙、柱等上部结构的地下延伸,是建筑物的一个组成部分,它承受建筑物的荷载,并将其传给地基。分为独立基础、条形基础、筏板基础、桩基础等,它是建筑物的墙、柱在地下的扩大部分,其作用是承受建筑物上部结构传下来的荷载,并把它们连同自重一起传给地基。按照使用材料可分为灰土基础、砖基础、毛石基础、混凝土基础、钢筋混凝土基础等;按照埋置深度可分为浅基础、深基础,其中埋置深度不超过5 m时称为浅基础,大于5 m时称为深基础;按受力性能可分为刚性基础和柔性基础;按照构造形式可分为条形基础、独立基础、满堂基础和桩基础,满堂基础又分为筏形基础和箱形基础。

笔者认为,地基基础工程的概念设计也称思路设计,它是一种设计理念,是方向性设计,具有举旗、定向、领路、导航的作用。它有着为具体的设计方案选型指明方向、规划路径、抓住问题和关键进行总体设计的特点。没有了概念设计,就像汪洋中的一条船,失去了方向和船长,而船长的经验和导向显得无比重要。路线对了,方向对了,"筑路"才有意义。有了概念设计的正确指导,才能少走弯路,也不会犯原则性、基础性和颠覆性的错误,就会使后续的细部设计事半功倍;路线错了,再详细的细部设计也是无用功,要推倒重来。概念设计是"纲",细部设计是"目","纲举"才能"目张"。抓好概念设计,就是抓住了问题的核心、本质和关键。它要求在熟练掌握已有的土力学、第四纪地质及地貌学、水文地质学、基础工程等专业理论基础上,以现有的岩土工程设计理论和设计方法为指导,对当地已有类似工程在地基处理与基础选型方面的设计经验进行总结的前提下,在全面把握基础设计要素及场地限制条件基础上(这些设计要素包括建筑结构特征及使用要求、场地地形地貌、地质条件、环境条件、工期要求等),先遴选出可能采用的各种地基基础方案,然后进行技术、经济和施工可行性对比,最后选定合适的地基基础设计方案。这种利用已有成熟的设计经验结合现有的设计要素,因地制宜对设计方案进行筛选和比选的过程就是概念设计。

2.3 地基基础工程概念设计遵循的原则

安全适用、经济合理、确保质量、保护环境是地基基础设计的基本原则。至少应包括以下五个方面：

(1)满足场地稳定、建筑安全与功能需要的原则。

(2)总体把握、宏观控制、综合分析的原则。

(3)及时总结当地设计经验的原则。

(4)概念设计与细部设计结合的原则。

(5)动态设计的原则。

以下分述。

2.3.1 满足建筑安全与功能需要的原则

进行岩土工程勘察和岩土工程设计的目的是查清场地岩土工程条件和岩土工程问题，并提出适合该场地的岩土工程治理措施和方案，为建造满足安全与功能需要的各类建筑打好基础，因此任何的岩土工程勘察和岩土工程设计应以满足建筑安全与功能需要为原则。

2.3.2 总体把握、宏观控制、综合分析的原则

地基基础设计的关键问题是基础选型问题，要做好适合场地地质特征、环境条件和结构特点的基础选型，必须对各类关键要素进行总体把握和宏观控制。

2.3.2.1 对场地不良地质问题的把握

要准确把握场地地质条件和不良地质问题，必须在对场地地质演化规律初步了解的基础上，采用综合勘察手段，研究场地地质演化规律，概化场地边界条件，构建合适地质模型，准确测定场地各层土的物理力学指标。最后结合建筑结构特点、荷载条件选择合适的地基基础方案，从承载力计算和地基变形两大控制因素进行各类计算和分析。显然要做好这些工作，不仅要有丰富的勘察设计经验，要对当地勘察设计经验了然于心，也要准确把握任何一种地基基础处理方案都有其适用的环境条件、地质条件和地下水条件等可行性分析，也有经济性的限制，进行总体把握和宏观控制十分必要。

2.3.2.2 结合建筑要求对场地各类岩土问题的把握

常见的岩土问题一般包括：

(1)特殊土问题。

(2)结合不同的建筑特征和场地地貌单元的不同对建筑基础选型的初步思考。

(3)对纯地下车库而言，应结合地基持力层特点及地下水位特点，考虑抗浮及基础的选型问题。当单柱荷载较大而所在的地基持力层承载力较低时，应首先考虑采用柱下条形基础或筏板基础。

(4)对多层建筑、高层建筑而言，应结合地基持力层及地基的地质结构特点、地下水特点，进行合适的基础选型。

2.3.3 总结当地设计经验的原则

如文献[2]所说,地基基础设计方案个体差异很大,它与上部结构设计的最大不同点在于没有现成的模式可搬,不同地域因地质条件和地质特点的不同,即使同样的建筑,其地基基础方案选型差别较大,因此地基基础的设计过程中应重视当地工程经验的积累。地基基础的设计过程也是工程经验不断总结的过程,只有及时总结当地成功的地基基础设计经验,才能使设计不断推陈出新,设计出符合业主要求及工程使用要求的地基基础方案。

2.3.4 概念设计与细部设计结合的原则

任何一个好的岩土工程勘察、设计文件的形成都是在岩土工程概念设计的基础上(指导下)进行的细部设计的结果。有了好的概念设计(仅有概念设计还远不够,思路定好了,只是成功的第一步),接下来还需要大量工作要做,还需要细致的具体工作对概念设计进行细化和完善。所谓的细部设计,因场地地质条件、环境条件、地下水条件及建筑结构的不同特点而有不同的侧重点。因此,概念设计和细部设计,二者互为依存,缺一不可。只有二者密切结合,才能因地制宜地提出符合场地和建筑结构特点的地基基础方案。概念设计与细部设计流程如图 2-1 所示。

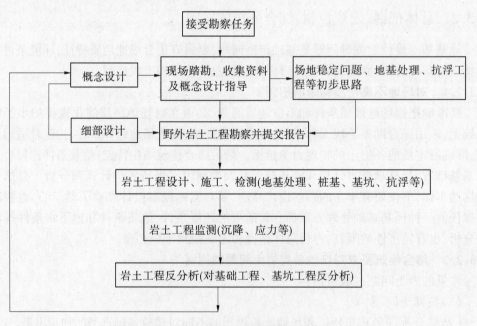

图 2-1 概念设计与细部设计流程

对天然地基而言,要结合上部结构特点及初选的基础埋深进行初步的浅基础选型,包括地基持力层及软弱下卧层的承载力验算,对大部分建筑而言,也需要进行有关的变形计算。

对复合地基,因复合地基的的多样性而差别较大,对中等强度的竖向增强体复合地基而言,应包括以下内容:①桩端持力层的选择,有无软弱下卧层;②提供有关设计参数,最好在收集类似建筑场地的试桩、测桩及沉降资料的基础上进行综合分析后提交;③单桩及复合地基承载力特征值计算;④桩体强度的计算和建议;⑤褥垫层的设置;⑥沉降或变形估算;⑦施工可行性分析及有关施工工序、施工参数建议;⑧对可能出现的有关环境岩土问题进行预测,并提出应对措施。

对桩基础而言,一般包括:①桩端持力层选择,有无软弱下卧层;②提供有关设计参数,最好在收集类似建筑场地的试桩、测桩及沉降资料的基础上进行综合分析后提交;③单桩承载力特征值计算;④沉降或变形估算;⑤施工可行性、施工参数及施工难度分析;⑥对可能出现的有关环境岩土问题进行预测,并提出应对措施。

2.3.5 动态设计的原则

岩土工程勘察与岩土工程设计贯穿于建设项目的全过程。在基坑开挖和各类地基基础的施工过程中,由于场地地质条件的复杂性及变异性,岩土工程设计计算理论的不完善、施工工序的不合理等,会暴露出大量在原来勘察设计阶段未发现的岩土工程问题,如管道渗水、上层滞水、桩间土和坑底土的管涌、流土、CFG 和各类桩基施工中的缩颈、断桩等,必须对已有的设计进行必要的调整和修改,提出相应的对策措施,进行必要的设计优化,以完善、弥补已有设计方案的不足。所有这些内容就是动态设计,它与已有设计共同构成一个项目完整的岩土工程设计,如没有这些及时、有效的动态设计,轻则影响工期,加大工程成本,造成对周边建(构)筑物、道路、管线的拉裂、损伤,甚至影响正常使用,重则造成工程伤亡事故。因此,建筑工程过程中的动态设计十分必要。

2.4 地基基础工程概念设计的内容

2.4.1 场地稳定性分析与评价

我国幅员辽阔、气候多变,地形地貌和地质条件复杂,地质灾害类型多、分布广、暴发频次高,是世界上遭受地质灾害最严重的国家。影响场地稳定的不良地质作用和现象包括崩塌、滑坡、泥石流、采空区、岩溶、地面沉降、地裂缝及活动断裂等问题。据不完全统计,这些灾害的发生有数万起,造成一次死亡 10 人以上的事故有数千起,毁坏房屋几千万间,破坏公路、铁路、水利设施、道路、厂房耕地和建筑场地等,每年造成至少数亿元的经济损失。因此,在山区、丘陵地带选择厂址、场址及其他建筑场地时,应首先判定场址是否安全、稳定,能否避开上述不良地质作用和问题。常言说"皮之不存,毛将焉附",这是基础问题,也是关键问题。

因上述地质灾害的复杂性和多样性,并考虑到关于崩塌、滑坡方面的专著较多,论述也较深,而对活动断裂、地面沉降和地裂缝限于资料及经验,本书不再涉及。本书仅对影响场地稳定的小型边坡、岩溶、泥石流和采空区进行分析与评价,将在以后各章节进行分析与论述。

2.4.2 当地的成熟设计经验

2.4.2.1 常见的地基基础处理形式

地基基础处理形式的选择与场地地质条件、地下水条件、环境条件及场地存在的岩土工程问题有关,也与建筑结构特征、荷载大小密不可分,同时与当地勘察设计经验息息相关,可以说地基基础形式的选择受多种因素影响。表2-1总结了在黄淮海平原地区常见的地基处理方式,表2-2总结了在湿陷性黄土地区常见的地基处理形式。

表 2-1 平原地区高层建筑常见的地基处理形式

序号	名称	适用范围	代表性工程 (郑州市)
1	水泥土搅拌桩	适用于小高层建筑及基底压力不超过 150~180 kPa,单桩承载力特征值约 100 kN,要求有较好的桩端持力层	太康路新华书店
2	高压旋喷桩	适用于约 25 层及以下的高层、小高层建筑,单桩承载力与土层性质关系大,特征值在 130~450 kN,要求桩端持力层较好	裕鸿大厦
3	CFG 桩	适用于处理小高层到高层的建筑,单桩承载力特征值在 600~800 kN(因桩径、桩长而异),要求桩端持力层较好	应用工程较普遍
4	钻孔灌注桩及后压浆	适合大、高层及超大、超高层(超过 30 层及以上)建筑;单桩承载力特征值在 1 000~5 000 kN(因桩径、桩长而异),一般要求桩端有较好持力层;适合各种地层	百货大楼、金博大、裕达国贸、会展宾馆等
5	螺杆桩 (双向螺旋挤土灌注桩)	适合大、高层建筑及超大、超高层(超过 30 层及以上,但小于 40 层)建筑,桩端有较好持力层,单桩承载力特征值在 1 000~3 000 kN(因桩径、桩长而异),当施工难度较大时更有优势;特别适合桩端为卵石、碎石及风化岩地层	应用不多,但在河南省鹤壁、南阳、平顶山等地值得推广,山前地下水流速较大及平原软土、红黏土慎用
6	多桩型地基处理	如短桩处理液化、湿陷,长桩解决承载力及变形问题;要求长桩桩端有较好持力层;在软土地区、湿陷性黄土地区常用	软土地区的碎石桩与 CFG 结合
7	预应力管桩	处理多层、小高层及高层建筑,单桩承载力特征值在 800~1 500 kN(因桩径、桩长而异);桩端有较好持力层	金成国际广场高层,华北水利水电大学新校区多层建筑
8	水泥土 (混凝土)复合管桩	常用于处理小高层、高层建筑及部分超高层建筑,适合桩端无较好持力层但控制变形比较严格时或者桩端有密实砂层但存在大量截桩时使用;单桩承载力特征值 1 500~3 500 kN,最高可达到 5 000 kN(因桩径、桩长而异)	郑州东区及航空港区等的一些工程

序号	名称	适用范围	代表性工程 （郑州市）
9	旋喷复合桩（DJP 法）	适合岩溶地基、深厚杂填土地基等	即可作桩基,也可作复合地基
10	压灌混凝土旋喷法（WZ 桩）	适合桩端有密实砂层不易打开阀门地区、软土地区、湿陷性黄土地区;单桩承载力特征值在 1 200~2 000 kN	
11	夯扩桩	适合小高层建筑,需穿越较厚杂填土地段时有优势;单桩承载力特征值为 800~1 500 kN	

表 2-2　湿陷性黄土地区常见的地基处理形式

序号	名称	适用范围	备注
1	换填垫层法	地下水位以上,可处理黄土厚度 1~3 m,局部或整片处理	适合要求处理的湿陷性土较薄的建筑场地
2	强夯法	地下水位以上,可处理黄土厚度 3~15 m,饱和度 $S_r \leqslant$ 60%湿陷性黄土,局部或整片处理	目前设备处理能级可达 15 000 kN·m
3	挤密法	地下水位以上,可处理黄土厚度 5~15 m,饱和度 $S_r \leqslant$ 65%湿陷性黄土	如素土挤密桩、灰土挤密桩、水泥土挤密桩等
4	预浸水法	自重湿陷性黄土场地,地基湿陷等级为Ⅲ级或Ⅳ级,可消除地面 6 m 以内湿陷性土层的全部湿陷性。若超过 6 m 以上,尚应结合其他方法处理	存在工期较长、试验成本较高,一般在一些大型、重点工程中采用
5	其他方法		如 DDC、SDDC 法
6	多桩型复合地基处理	短桩处理湿陷性,长桩解决承载力及变形问题	素土(灰土、水泥土)挤密桩与 CFG 或管桩结合、DDC 与 CFG 结合等
7	各类桩基础	除常规的钻、挖孔灌注桩、夯扩桩外,近年来管桩、螺杆桩等也有一定应用	

近 30 年来从地基基础选型不难看出,地基处理形式具有以下特点:

（1）具有明显的地域特点。

如在湿陷性黄土地区与冲洪积平原区基础选型有很大不同。在中等以上液化地区，多采用碎石桩与其他桩型结合的复合桩形式，也可直接采用桩基础。

（2）具有时代特征和与时俱进的特点。

如在 2000 年之前，高层及超高层建筑多采用钻孔桩、沉管灌注桩、高压旋喷桩，有少量预制方桩或水泥土搅拌桩；2000 年之后，主要有 CFG 桩、管桩及钻孔灌注桩后压浆基础，近 10 年来出现了水泥土（混凝土）复合管桩、螺杆桩等。

（3）为解决不断出现的新问题，新技术、新工艺、新桩型不断涌现。下面根据特定的地层列出一些新桩型。

①当桩端无较好持力层但控制变形又比较严格时，或者桩端有密实砂层常造成大量截桩时，出现了水泥土复合管桩基础形式。

②为解决遇到卵石地层或风化岩作持力层及需要穿透较厚杂填土地段，因施工难度大，出现了螺杆桩基础形式。

③为解决 CFG 桩在密实砂层打不开阀门又容易出现断桩事故时，出现了 CFG 旋喷桩（WZ）基础形式。

④遇到深厚杂填土地段建高层建筑，出现了夯扩桩基础形式。

⑤较厚杂填土地段需要止水帷幕桩止水但施工难度大，出现了冲击旋喷桩 DJP 形式。

⑥在岩溶发育地区因基岩顶面高低差别大及岩土结构复杂出现了 DJP 复合桩（管桩、钢筋混凝土桩）工艺。

2.4.2.2　优势

（1）消除液化首选砂石挤密桩。

（2）消除湿陷首选灰土垫层或挤密桩（素土、灰土、水泥土）或强夯法。

（3）杂填土发育地段清除难度大时，可选用强夯、夯扩桩、护壁挖孔桩等。

（4）桩端以下有软弱下卧层时宜用水泥土搅拌桩或者高压旋喷桩、水泥土复合管桩等。

（5）桩端有较密实地层且工期要求紧时可选用预应力管桩。

（6）桩端有风化岩层或者卵石、漂石时可选用螺杆桩。

（7）桩端为岩溶地层，分布有溶沟、溶槽及软土时可选用冲击旋喷桩。

（8）可调性较大，适宜性较广的桩型和工艺有钻（挖）孔灌注桩及桩侧、桩底后注浆工艺等。

2.4.2.3　局限性

（1）预制桩的选型与施工问题。

①沉桩过程中的挤土效应常常导致断桩（接头）、断桩上浮、增大沉降，以及对周边建筑物和市政设施造成破坏；

②预制桩不能穿透较厚的硬夹层，会使桩长过短，持力层不理想；

③预制桩的桩径、桩长、单桩承载力可调范围小，不能或难以按变刚度调平原则优化设计，因此预制桩的使用要因地制宜，因工程对象而宜。

（2）挖孔灌注桩的选型与施工问题。

挖孔灌注桩在低水位非饱和土中成孔，可进行彻底清孔，直观检查持力层，因此质量稳定性高。但是高水位条件下采用挖孔灌注桩时，若边挖边抽水，将导致以下问题：①将桩侧细颗粒淘走，引起地面下沉，甚至导致护壁整体滑脱，造成人身事故；②将相邻桩新灌注混凝土的水泥细颗粒淘走，造成离析；③在流动性淤泥中实施强制性挖孔，会引起大量淤泥侧向流动，导致土体滑移将桩体推断。

（3）采用碎石桩与其他桩型结合时，应注意碎石桩施工会造成场地泥泞，不利下道工序施工。

（4）夯扩桩一般适用于小高层建筑及高度小于20层及以下建筑，因其工艺挤土效应大，桩间距不宜太小。若桩距太小，会使新桩对已施工桩造成挤压、上浮、歪斜和错断等。

（5）在城市中对噪音控制严格的地区不宜用锤击管桩、高能级强夯、夯扩桩等。

（6）当上部土层较软、为高水位地区稍密粉土时，采用CFG桩、双向螺旋灌注桩等容易造成串孔、缩径、桩头陷落、缺陷等问题。若桩端为密实砂层及承压水地区，采用CFG施工工艺，存在活门打不开及上拔造成的桩头虚土问题。

（7）在土岩交界面的岩溶地层中采用传统的钻孔灌注桩常存在卡钻、埋钻等事故。

从以上的分析不难看出，地区经验的积累需要工程的长期运行和时间的检验，在这个过程中，需要勘察、设计、施工、检验与检测、监测各方密切合作，从中找到成功的设计经验，需要很多年大量工程的成功应用，也需要汲取在应用过程中不断出现的问题与教训，所有这些对地区经验的积累大有裨益。只有建立在科学的岩土工程理论指导下且经过不断优化的地区经验才能指导当地具体工程的勘察设计，避免犯原则性和颠覆性的设计错误。

2.5　概念设计典型案例分析

以下结合几个典型案例的分析，说明岩土工程概念设计即思路设计与方案比选的过程。

2.5.1　土岩地基概念设计举例

在山区、丘陵地带，沟壑纵横，需要削岭填谷平整场地后进行建筑，当建筑跨不同地貌单元，丘陵堆积以更新统黏性土为主，沟内为新近堆积填土时，如图2-2所示；当丘陵以基岩为主，沟内为填土时，如图2-3所示。基础选型需要特别注意。

如图2-2所示，1#高层建筑跨正好跨两个不同的地貌单元：一侧为新近填土，存在承载力低、压缩性小、土质不均匀及可能的湿陷问题；另一侧为更新统的粉质黏土，一般为硬塑状态，下浮密实的卵石层。而图2-3显示1#高层建筑跨正好跨两个不同的地貌单元：一侧为新近填土，存在承载力低、压缩性小、土质不均匀及可能的湿陷问题；另一侧为顺坡向的基岩体，为强风化的砂泥岩，承载力高，压缩模量高，而①、②交界面往往坡度较大，有时超过20%。以往对该种组合地基认识不足，多采用一般的天然地基或复合地基，经过多年运行，发现出现了不同程度的建筑倾斜甚至歪斜，无法正常使用。补充勘察后发现①层

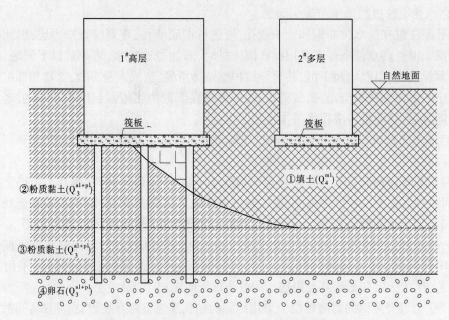

图 2-2 顺坡向土岩组合地基建筑基础选型示意图

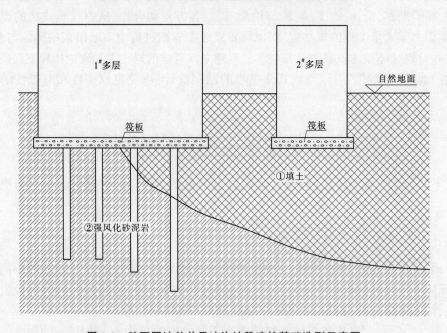

图 2-3 跨不同地貌单元冲沟地段建筑基础选型示意图

填土工程性质会发生较大变化,多处于饱水状态,工程地质条件严重弱化,基础向一侧滑移或倾斜。而采用刚度较大的复合地基或者桩基础则可以避免此类问题的发生。

因此,对此类跨沟地段的建筑,宜优先采用桩基础。

2.5.2 安徽萧县某岩溶场地(土岩地基)建筑场地概念设计

2.5.2.1 工程概况

项目位于萧县县城城区内,拟建建筑高29~32层,地下室两层,基础埋深7.1 m,地面标高30.6~31.7 m,场地比较平坦,周边无冲沟发育。正负零标高36.8 m,初步设计拟采用嵌岩桩,单桩承载力特征值为4 500 kN。

2.5.2.2 地质条件

据勘察报告,第②、③层为全新统粉质黏土,黄色,软塑—可塑,具高压缩性;④、⑤、⑥层为中更新统粉质黏土,褐红—褐黄色,硬塑,具中等压缩性;⑦、⑧层分别为全风化—强风化的白云质灰岩,碎裂结构,岩土质量等级为Ⅳ级。各土层物理力学性质见表2-3。

表2-3 各土层物理力学性质指标参数

土、岩层名称	液性指数 I_L(%)	静力触探指标(MPa)	标贯修正击数 N(击)	承载力特征值 f_{ak}(kPa)	压缩模量 $E_{s0.1-0.2}$(MPa)	饱和单轴抗压强度 f_{rk}(MPa)	桩侧极限摩阻力标准值(kPa)	采用管桩时桩侧极限端阻力标准值(kPa)
②粉质黏土	0.45		11	140	5.8		55	
③粉质黏土	0.55		8	110	4.6		45	
④粉质黏土	0.33	3.2	13	220	8.2		65	
⑤粉质黏土	0.25	3.3	16	240	9.3		78	
⑥粉质黏土	0.28	3.6	20	250	10.2		70	
⑦强风化灰岩			16.8	400	35		200	10 000
⑧中等风化灰岩				800	60			

建筑地基范围内地下岩溶总的特点是以浅部发育为主,以垂直形态多见。大量勘察数据表明,地面以下0~6 m深度内岩溶发育,以溶蚀孤石、溶沟、溶槽和溶蚀裂隙形态为主,占70.92%,钻孔中可见溶洞高度在0.2~7.8 m,向下岩溶发育程度明显减弱。岩溶虽然形态复杂,但从工程角度上较易治理。根据统计资料,这些岩溶现象中在施工阶段勘察表明,以溶蚀裂隙为主,其次为溶洞,内充填有可塑到硬塑黏性土。在136个钻孔中,见洞率21.4%,在872 m进尺中,见洞累计高度67.4 m,线岩溶率7.7%,发育程度中等。

据调查,场地地下水类型为岩溶水,地下水位埋深70 m以下。场地代表性地质剖面见图2-4。

2.5.2.3 概念设计思路

从以上的介绍可以确定:

(1)按照岩溶发育程度,为中等岩溶发育;同时,按照文献[7]第6.6.4条,当场地存

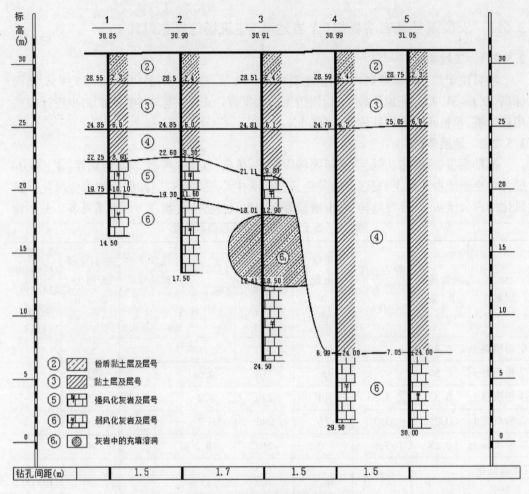

图 2-4 场地代表性地质剖面

在下列情况之一的地段,未经处理不应作为建筑物地基:①浅层洞体或溶洞成群分布,洞体直径较大且不稳定的地段;②埋藏有浅的漏斗、溶槽等,充填有软弱土地段;③土洞或塌陷等岩溶强烈发育地段;④岩溶水排泄不畅,可能造成淹没的地段。适当处理后可进行建设。

(2)地基基础埋深 7 m 处为③粉质黏土,硬塑,承载力特征值可达 220 kPa。如能进行载荷试验,估计承载力特征值可达 300 kPa。

(3)据场地地质条件,每一栋楼基础筏板下距离岩溶顶面的高度从 3 m 到 16 m 不等,一般多为 7~10 m;局部楼基础岩溶顶板埋深从 3 m 可剧增到 12 m,基岩顶板埋深差别很大,基岩顶面埋深坡度远大于 30%。

(4)基岩顶面及附近岩溶发育以溶沟、溶槽及已经填的溶洞为主,洞内填土密实,承载力可达 180 kPa。

(5)溶洞及附近无地下水活动。

基于以上结论,结合场地地质条件建议的基础选型如下:

(1)对多层及小高层建筑,可采用天然地基筏板基础或外扩的筏板基础或箱型基础。

· 20 ·

（2）当某栋楼基础筏板下距离岩溶顶面的高度在 7～10 m 时,可考虑采用复合地基,如管桩复合地基或 CFG 复合地基,其中的 CFG 复合地基可采用大直径如直径 600 mm,即可不处理桩端下的岩溶地基。

（3）当某栋楼基础筏板下距离岩溶顶面的高度从 3 m 到 16 m 不等,基岩顶板埋深差别很大,基岩顶面埋深坡度远大于 30% 时,可采用桩基础,这些桩基础包括管桩基础、水泥土复合管桩基础、冲击旋喷桩基础及挖孔桩基础。具体应通过试桩,分析其可行性和经济性等。

（4）也可以通过试桩确定采用嵌岩桩的可行性。

拟采用的桩基础概念设计影响因素比较见表 2-4。

表 2-4 采用桩基础概念设计影响因素比较

项目	拟选桩型/比较因素	优势	施工难度及其他劣势	单桩承载力比较
1	预应力管桩	工期较快	（1）对压桩力有较高要求; （2）如用引孔法,需两种工艺	取得设计参数直观,单桩承载力较高,据估算可达 3 500 kN;如桩直径 600 mm,桩长 3.0 m,单桩承载力 1 000 kN
2	挖孔桩	场地无水;可大面积展开,孔底直观,可以直接进行持力层检验	遇到强风化岩施工难度较大,有一定的安全风险	单桩承载力较高,据估算可达 3 500～4 000 kN
3	冲击旋喷复合桩		需要两种施工工艺,无当地施工经验;单价偏高	单桩承载力较高,据估算可达 4 000～4 500 kN
4	大口径潜孔锤桩基		无当地施工经验	
5	常规的钻孔桩	可以大面积展开,施工工艺可控	现场已试桩,施工难度大,有时一周才能成一根桩,且单桩承载力为 3 500 kN;存在泥浆污染、外运等问题	单桩承载力较高,可达 3 500 kN,但达不到设计要求

2.5.3 豫西某地深厚湿陷土地区高层建筑概念设计案例

2.5.3.1 工程特征

拟建项目位于豫西某市中心商务区内,包括多栋 28~30 层、多栋 9~11 层住宅楼,纯两层地下车库等,见表 2-5。

表 2-5 工程特征一览表

子项名称	地上/地下层数	设计室外地坪高程（m）	设计基底高程（m）	基础埋置深度（m）	结构形式	拟采用基础类型	基底压力或单柱最大荷载	最大柱网间距（m×m）
62#住宅楼	11/2	361.0	354.6	6.4	剪力墙	筏板基础	250 kPa	
63#住宅楼	11/2	356.6	347.9	8.7	剪力墙	筏板基础	250 kPa	
65#住宅楼	11/2	356.6	347.9	8.7	剪力墙	筏板基础	250 kPa	
67#住宅楼	9/1	354.3	350.8	3.5	剪力墙	筏板基础	200 kPa	
68#住宅楼	30/2	352.5	346.1	6.4	剪力墙	筏板基础	600 kPa	
69#住宅楼	28/2	347.4	342.3	5.1	剪力墙	筏板基础	570 kPa	
地下车库	0/2	356.6	347.9	8.7	框架	独立基础	1 300 kN	7.8×5.1

2.5.3.2 地质条件

场地地貌单元属黄河支流苍龙涧河一级阶地,地面标高 344.1~362.6 m,相对高差 18.5 m。在勘察揭露深度内地层从上至下、由新到老依次为第四系人工填土 (Q_4^{ml})、上更新统黄土 (Q_3^{l+pl}),其中湿陷性黄土最厚约 16.7 m,约 38.0 m 以下为中密的卵石和粉砂 (Q_3^{al+pl}),划分为 12 个工程地质层,各土层的分布特征见图 2-5,各土层工程地质条件及物理力学性质指标见表 2-6。

场地为 II 级(中等)自重湿陷性场地,湿陷深度为基底下 9.0~13.0 m。

本场地工程勘察期间,地下水埋深在现自然地表下 38.00~52.30 m,水位高程 305.9~309.2 m。20.0 m 以上土层的等效剪切波速约为 256 m/s,场地覆盖层厚度≥5 m。为 II 类建筑场地。

因 63#、65#、69#楼及地下车库处于半挖半高填方区域,属建筑抗震不利地段。

2.5.3.3 环境条件

场地位于市区建成区,在本场地西部建筑距离已有边坡较近。边坡特征:63#、65#、69#楼及地下车库所在地段场地临西侧边坡 3~8 m,该处边坡高度 12~18 m,坡度 45°~56°,边坡岩性上部为松散填土,下部为黄土状粉土。

2.5.3.4 概念设计思路

围绕场地建筑结构特征、地质条件及特殊岩土工程问题、环境条件及当地勘察设计经验综合分析,对各种地基处理方案的适用性、可行性进行分析。

(1)从场地建筑特征看,场地有高层和小高层建筑,还有框架结构的地库建筑,基底

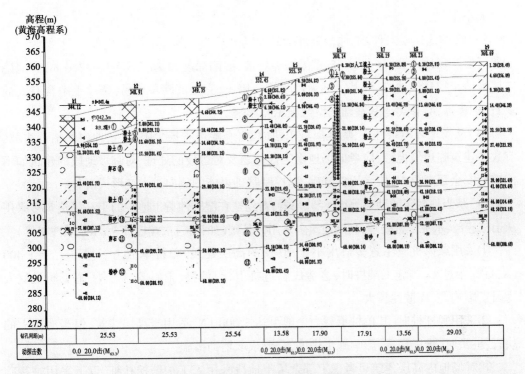

图 2-5 豫西某黄土场地典型地质剖面

表 2-6 各土层工程地质条件及物理力学性质指标

层号	地层名称	状态	平均厚度（m）	含水率 ω（%）	天然重度 γ（kN/m³）	孔隙比 e	液性指数 I_L	湿陷系数 δ_s	自重湿陷系数 δ_{zs}	湿陷起始压力（kPa）	压缩模量 E_{s1-2}（MPa）	承载力特征值 f_{ak}（kPa）
①	人工填土	稍密	3.4	11.1	15.6	0.952	−1.061	0.022~0.049	0.015~0.035	70~90	8.6	130
②	黄土状粉土	稍密	5.2	9.2	15.7	0.915	−0.99	0.017~0.050	0.013~0.025	80~90	8.5	120
③	黄土状粉土	稍密	4.3	11.6	16.1	0.895	−0.77	0.015~0.044	0.012~0.019	100~130	8.6	130
④	黄土状粉土	稍密	4.6	11.4	16.1	0.859	−0.96	0.024~0.045	0.015~0.029	120~150	8.8	140
⑤	粉土	中密	5.9	12.1	16.8	0.852	−0.69	0.005~0.014	0.005~0.009		9.0	170
⑥	粉土	中密	5.1	11.7	16.9	0.836	−0.76	—	—		9.8	190
⑦	粉土	中密	7.1	14.7	17.6	0.798	−0.41				10.4	200
⑧	卵石	密实	7.3	—	—						29.0	280
⑨	粉土	密实	7.4	14.7	17.6	0.746	0.07				11.0	220
⑩	粉砂	中密	3.5								23.0	250
⑪	卵石	中密	6.3								28.3	260

压力大小不一。

（2）从场地地质条件看,地基上部为较厚的杂填土及深厚的湿陷性黄土,下部为密实的卵石层。场地为Ⅱ级(中等)自重湿陷性场地,湿陷深度为基底下9.0~13.0 m;有些建筑属半填半挖建筑地段,地基上部为较厚的杂填土,完全清除不容易,杂填土中含有大的块石、桩头等,对各类地基基础选型与施工有影响。

（3）从场地环境条件看,场地属城市建成区,有噪声和扬尘限制,场地西侧临近边坡,有数栋建筑临边坡地带,应考虑场地稳定性问题及对边坡的处理,对临坡地段的建筑如不能满足安全距离要求,应采用桩基础,以控制基础可能的侧向过大变形或滑移。

（4）从当地多年的勘察、设计经验来看,对建造在湿陷性黄土地段的小高层建筑多采用灰土桩、夯实水泥土桩处理,高层建筑多采用桩基础(如夯扩桩、螺杆桩、后压浆灌注桩等)。

①采用载体桩应注意多适用小于20层的高层建筑,单桩承载力一般不大于1 400 kN,桩间距过小,当施工某桩时,会造成临近桩上浮、偏移、歪斜等。另外,施工质量受人为因素影响大,离散性较大。

②采用螺杆桩时,其单桩承载力一般可达3 000 kN,适用于高层建筑,但当遇到大的块石、桩头时,难以穿透,影响施工进度,需要采取辅助措施。

③对场地内高层建筑可考虑上部杂填土地段采用人工护壁挖孔桩,以下采用桩基础(如旋挖桩等),该组合工法可大面积进行施工,有效缩短工期,克服遇到大块石时的施工难度。

（5）综合以上分析,本场地各类建筑地基基础概念设计选型如下:

①对9层及11层楼的小高层建筑,采用灰土挤密桩,对紧邻边坡地段及半填半挖地段的63#、65#、69#号楼采用桩基础。

②对28~30层的高层建筑建议采用螺杆桩或双向螺旋挤土灌注桩,对杂填土较厚且含有大块石地段的高层建筑采用组合桩法,上部杂填土地段采用人工护壁挖孔桩,以下采用桩基础(如旋挖桩等)。

③对纯地库地段采用换土垫层或灰土桩处理,但对紧邻边坡地段或半填半挖地段的地库采用桩基础。

对场地各建筑的细部设计即承载力设计和变形控制设计,详见本书有关章节。

2.5.4　郑州市东部砂层分布较浅地段的概念设计案例

2.5.4.1　工程特征

项目位于郑州东区107辅道以东地段,拟建一期工程由12幢11~22层的高层住宅楼(6#~17#楼)、5幢6~7层的多层住宅楼(1#~5#楼)组成,具体见表2-7。

表 2-7 工程特征一览表

楼号	1#~5#	7#~10#、14#	6#、11#~13#	15#~17#
地上层数（层）	6~7	11	18	22
地下层数（层）	0.5	1	1	1
平面尺寸（m×m）	61.5×11.4，40.0×11.4	20.0×25.4	26.5×23.3，49.0×19.0	32.8×17.0
结构型式	砖混	剪力墙	剪力墙	剪力墙
拟定基础形式	筏板基础	筏板基础	筏板基础	筏板基础
基础埋深（m）	1.6	5.0	5.3	3.7
基底平均压力 P_k（kPa）	130	185	290	350
拟采用地基处理方案	天然地基或复合地基	复合地基或桩基		

2.5.4.2 地质条件

拟建工程场地地形较平坦,地貌单元属黄淮河冲积平原。场地 55.0 m 勘探深度内地层组成为第四系全新统稍密粉土,可塑—软塑的粉质黏土及密实的粉砂、细砂(Q_4^{al}),约 30.0 m 以下为硬塑的粉质黏土(Q_3^{al+pl})。场地可划分为 11 个工程地质层,各土层工程地质条件及物理力学性质指标见表 2-8,代表性地质剖面见图 2-6。

表 2-8 各土层工程地质条件及物理力学性质指标

层号	地层名称	状态	厚度（m）	含水率 ω（%）	天然重度 γ（kN/m³）	孔隙比 e	液性指数 I_L	标贯统计修正值 N'	压缩模量 E_{s1-2}（MPa）	承载力特征值 f_{ak}（kPa）
①	粉土	稍密	2.3	23.7	16.7	1.023	0.77	4.4	5.1	100
②	粉土	稍密	2.4	24.6	17.8	0.901	0.81	4.5	4.2	90
③	粉质黏土	软塑	2.4	33.5	17.3	0.985	0.84	5.2	3.5	90
④	粉质黏土	软塑	2.1	27.2	17.4	0.875	0.62	4.9	3.1	100
⑤	粉质黏土	软塑	2.5	28.4	17.8	0.956	0.61	7.5	3.1	85
⑤1	粉土	中密	2.1	22.2	18.1	0.827	0.71		6.0	110
⑥	粉土	中密	2.6	21.5	18.5	0.793	0.59	16.8	11.2	160
⑦1	黏土	可塑	1.4	28.3	17.8	0.953	0.50	16.4	5.1	130
⑦	细砂	中密	18.5					24.2	20.0	240
⑧	粉土	中密	4.2	20.5	18.5	0.781	0.34	16.1	14.5	200
⑨	中砂	密实	5.7					33.5	18.0	300
⑩	粉质黏土	硬塑	5.0	20.9	18.4	0.787	0.30		8.3	210
⑪	粉质黏土	硬塑	4.5	21.4	18.2	0.775	0.17		7.5	190

场地勘探深度范围内有潜水和微承压水两个含水层,进行了水位分层观测和取样。

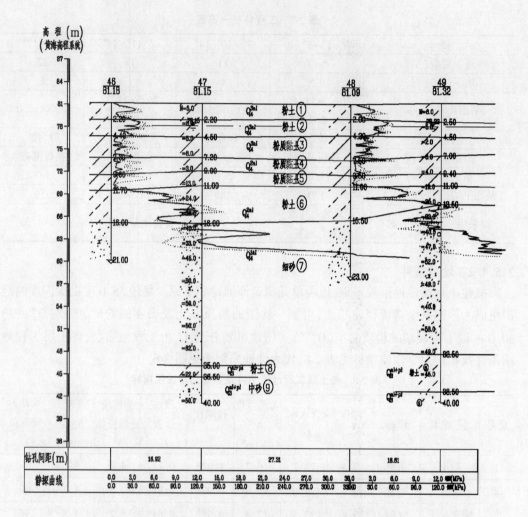

图 2-6 郑州市东部砂层分布较浅地段典型地质剖面

潜水含水层主要埋藏在约 12.0 m 深度内的粉土和粉质黏土中,勘察期间潜水水位埋深为 2.8~3.2 m,近 3~5 年最高地下水位埋深按 1.5 m(绝对标高 79.5 m),微承压水主要埋藏在约 12 m 以下的粉土和细砂层,富水性好,透水性强,属强透水层,具有微承压性。稳定水位埋深为 3.7 m,近 3~5 年水位埋深约 2.0 m(绝对标高 79.0 m)。潜水与微承压水被第③、④、⑤层粉质黏土相对隔水层分开。

20 m 内等效剪切波速 v_{se} 平均值为 191.0 m/s。本场地覆盖层厚度大于 50 m,本工程场地土类型为中软场地土,建筑场地类别为Ⅲ类。

2.5.4.3 场地液化特点

经场地液化判别:14 个判别孔中 9 个孔液化,5 个孔不液化。第②层粉土为液化土层。从液化的平面分布看,南部为中等液化场地,北部为轻微液化场地。

据拟建 11~22 层楼的建筑特点和场地地质环境条件,结合地区类似工程中的成熟经验,考虑到本场地北部拟建高层场地属轻微液化,适合本场地的复合地基有 CFG 桩加碎石桩方案。

除 CFG 桩复合地基外,还有静压预制桩和钻孔灌注桩及后压浆桩基方案。

2.5.4.4 概念设计思路

围绕场地建筑结构特征、地质条件及特殊岩土工程问题、环境条件及当地勘察设计经验综合分析,对各种地基处理方案的适用性、可行性进行分析。

(1)从场地建筑特征看,场地有高层建筑和小高层建筑,还有具框架结构的地库,基底压力大小不一,有的可做天然地基,大部分建筑只能做复合地基或者桩基础。

(2)从场地地质条件及特殊岩土工程问题来看,场地上部土质较差,且为液化场地,液化场地中存在着轻微液化场地和中等液化场地。场地为抗震不利地段;同时场地地下水位较浅。这些地质条件对地基基础选型与施工有较大影响。

(3)从场地环境条件看,场地属城市建成区,有噪声和扬尘限制。

(4)抗液化措施分析,据文献[12]第4.3.6条,对抗震设防为丙类的建筑,地基液化等级为中等液化时,其抗液化措施为“基础和上部结构处理或更高要求的措施”。

(5)从当地多年的勘察、设计经验看,对黄淮海冲洪积平原地区有着典型“二元结构”的“上软下硬”地基常采用多种多样的地基基础形式。

综合以上分析确定本场地各类建筑地基基础概念设计选型如下:

(1)对18~22层的高层建筑,有一层地下室,基础埋深 $d=5.0$ m 左右,基底压力 $P_k=290~350$ kPa,天然地基筏板基础显然不能满足要求。适合的地基基础形式包括 CFG 桩、高压旋喷桩、预应力管桩、钻孔灌注桩后压浆,近年来有水泥土复合管桩等,但对分布在场地南部的部分建筑考虑抗液化措施,故采用桩基础如管桩基础,不能采用 CFG 复合地基。

进一步分析,每种桩型都有其局限性:① 因 CFG 钻穿厚砂层难度大及常出现的单桩承载力不足问题;② 高压旋喷桩目前在本地区已经不常用;③ 若采用预应力管桩基础,存在钻穿厚砂层难度大问题,常出现大量接桩和截桩,锤击施工噪声大,在建成区不能使用;④ 钻孔灌注桩后压浆使用范围广,但存在大量排浆,污染场地,经核算成本最高,除非遇到高、大建筑,或要求基底压力很大时才采用;⑤水泥土复合管桩基础,避免了桩端进入密实砂层出现的大量截桩现象,且单桩承载力较高(详见本书有关章节)。综合比较确定采用水泥土复合管桩基础。

(2)对11层建筑,因基底压力不太大,基底压力为185 kPa,一般采用水泥土搅拌桩复合地基,但对其中分布在场地南部的建筑考虑抗液化措施,故采用桩基础如管桩基础。

(3)1#~5#多层住宅楼为6~7层,基底压力不大,仅130 kPa,可采用天然地基,但因位于南部场地,应采取“基础和上部结构处理或更高要求的措施”。为了消除液化,1#~5#住宅楼采用砂石桩复合地基方案,振冲工艺施工。

2.5.5 黄河冲积平原中等液化场地的概念设计案例

2.5.5.1 工程特征

拟建××庄园三期项目位于新乡市平原新区丹江路以南、恒山路以东、长江大道以北、经七路以西,主体建筑包括8栋16~27层高层建筑,12栋7~9层中高层建筑,1栋2~3层多层楼房、1座3层幼儿园及大面积的1层地下车库。各建筑物的特征见表2-9。

表 2-9 工程特征一览表

项目	地上/地下层数	基础埋深(m)(基底绝对高程)	基底平均压力(kPa)	单柱荷载(kN)	结构类型
1#、10#、20#、22#、23#楼	27/2	7.1(78.9)	420	—	剪力墙
8#楼	16/2	6.5(79.5)	270	—	剪力墙
13#、18#楼	21/2	6.8(79.2)	340	—	剪力墙
15#、17#、19#、21#楼	9/2	6.4(79.6)	175	—	剪力墙
16#楼	8/2	6.4(79.6)	160	—	剪力墙
24#楼(幼儿园)	3/0	3.0(81.3)	—	2 500	框架
地下车库	0/1	6.0(80.0)	65	3 300	框架

表 2-9 中幼儿园按照抗震设防类别为乙类建筑,其他为丙类建筑。

2.5.5.2 地质条件

场地地貌单元属黄河冲积平原,勘察期间的自然地面标高 82.9~83.7 m,场地 55.0 m 深度内地层组成为第四系全新统稍密粉土,可塑—软塑的粉质黏土及密实的粉砂、细砂(Q_4^{al}),可划分为 9 个工程地质层,各土层的分布特征见图 2-7,各土层工程地质条件及物理力学性质指标见表 2-10。

表 2-10 各土层工程地质条件及物理力学性质指标统计

层号	岩性	状态	厚度(m)	含水率 ω(%)	孔隙比 e	重度 γ(kN/m³)	液性指数 I_L	标贯击数(击)	压缩模量 E_{s1-2}(MPa)	承载力特征值 f_{ak}(kPa)
①	粉土	稍密	2.2	23.5	0.768	18.9	0.68	4.4	6.1	110
②	粉质黏土	软塑	2.3	29.2	0.868	18.8	0.77	4.3	3.5	90
③	粉土	稍密	2.1	24.9	0.751	19.3	0.79	5.4	8.1	130
④	粉质黏土	软塑	2.5	28.4	0.842	19.0	0.73	5.5	3.5	90
⑤	粉土	稍密	3.0	23.7	0.701	19.6	0.73	12.2	10.2	150
⑥	粉砂	中密	3.8					18.5	14.5	160
⑦	细砂	中密	6.5					26.4	18.5	200
⑧	细砂	密实	11.4					32.1	22.0	230
⑨	细砂	密实	—					36.3	24.0	260

勘察期间场地内地下水位埋深为 7.8~8.4 m(水位标高 74.9~75.7 m)。据调查地下水位年变幅在 2.0~5.0 m,近 3~5 年来地下水最高水位标高 82.3 m。本场地抗浮设防

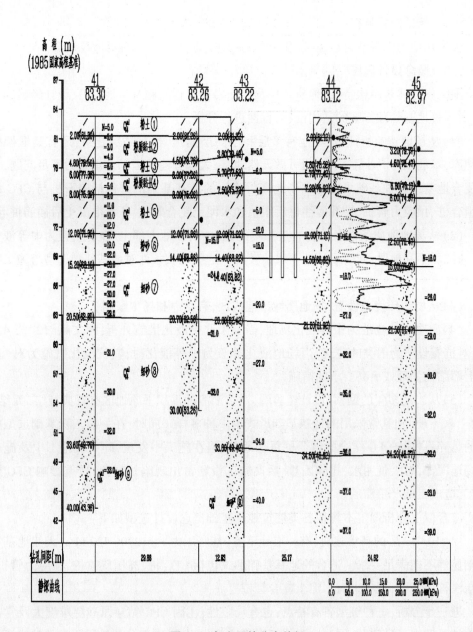

图 2-7　各土层的分布特征

水位高程可采用 83.3 m。本场地为中等液化场地,液化土层为第①、③、⑤层粉土和第⑥层粉砂。

　　20 m 以上土层的等效剪切波速值在 188~203 m/s。建筑场地类别为Ⅲ类,场地特征周期值为 0.55 s。

2.5.5.3　环境条件

　　场地位于新乡市平原新区丹江路以南、恒山路以东、长江大道以北、经七路以西,地貌单元属黄河冲积平原,场地开阔,距已有道路较远。

2.5.5.4 场地液化特征

整个场地为中等液化场地,液化土层为第①、③、⑤层粉土和第⑥层粉砂。

2.5.5.5 概念设计思路

围绕场地建筑结构特征、地质条件及特殊岩土工程问题及当地勘察、设计经验综合分析,对各种地基处理方案的适用性、可行性进行分析。

(1)从场地建筑特征看,场地有多层和小高层建筑,也有高层建筑,还有具框架结构的地库,基底压力大小不一,有的可做天然地基,大部分建筑因场地承载力不足问题,只能做复合地基或者桩基础。适合本场地高层建筑的地基基础形式包括碎石桩与CFG结合的组合桩、预应力管桩、钻孔灌注桩后压浆和水泥土复合管桩、压灌混凝土后插筋桩等。

(2)从场地地质条件及特殊岩土工程问题来看,场地上部土质较差,且为中等液化场地,为抗震不利地段;同时场地地下水位较浅。这些地质条件对地基基础选型与施工有较大影响。

(3)从场地环境条件看,场地属城市建成区,有噪声和扬尘限制。

(4)整个建筑场地为中等液化场地,需要采取抗液化措施分析,据文献[12]第4.3.6条,对抗震设防为丙类的建筑,当场地液化等级为中等液化时,其抗液化措施为对"基础和上部结构处理或更高要求的措施"。

(5)从当地多年的勘察、设计经验看,对黄淮海冲洪积平原地区有着典型"二元结构"的"上软下硬"地基常采用的地基基础形式也多种多样。同时,在一期工程基础选型中采用的是碎石桩与CFG结合的组合桩复合地基,但在施工中发现,碎石桩施工中及施工后期场地泥泞,有大量明水,排除困难,后期施工设备常出现陷机现象,严重影响CFG桩的施工,造成工期严重滞后。

综合以上分析确定本场地各类建筑地基基础概念设计选型如下:

(1)16~27层的高层建筑,有一层地下室,基底压力 P_k =270~420 kPa,天然地基筏板基础显然不能满足要求。适合的地基基础形式包括CFG桩、高压旋喷桩、预应力管桩、钻孔灌注桩后压浆,近年来有水泥土复合管桩等。

进一步分析,每种桩型各有特点,也有局限性:①因CFG钻穿厚砂层难度大及常出现的单桩承载力不足问题,同时也不能解决场地液化问题;②部分建筑因要求的基底压力不大,可采用水泥土搅拌桩或者高压旋喷桩,但不能消除场地的液化问题;③若采用预应力管桩基础,存在钻穿厚砂层难度大问题,常出现大量接桩和截桩,锤击施工噪声大,在建成区不能使用;④钻孔灌注桩后压浆使用范围广,但存在大量排浆,污染场地,经核算成本最高,除非遇到高、大建筑,或要求基底压力很大时才采用。综合比较后最终确定采用水泥土复合管桩基础。

(2)对8~9层建筑,因基底压力不太大,基底压力为160~175 kPa,一般可采用水泥土搅拌桩复合地基,但因位于中等液化场地,且不能消除场地的液化问题,故采用桩基础,如管桩基础。

2.5.6 深厚杂填土地段的概念设计案例

2.5.6.1 工程特征

拟建项目位于郑州市西南部的郑州二七新区,拟建建筑包括场地范围内的 1 栋 4 层小学教学楼、1 栋 4 层中学教学楼、1 栋 5 层行政教学楼、1 栋 5 层宿舍楼、1 栋 3 层食堂+体育馆及场地内的 1 层地下车库。拟建各建筑物特征见表 2-11。

表 2-11　拟建各建筑物特征一览表

建筑物名称	地上层数	地下层数	地基基础设计等级	±0 高程(m)	基础埋深(m)	拟采用地基基础类型	基底平均压力(kPa)	最大单柱荷载(kN)	柱网间距(m×m)	结构类型
4 层小学教学楼	4 层	—	丙级	155.3	2.0	天然地基或桩基	—	6 500	8.5×10.0	框架
4 层中学教学楼	4 层	—	丙级	155.3	2.0	天然地基或桩基	—	6 000	8.5×9.0	框架
5 层行政教学楼	5 层	1 层	丙级	155.3	5.0	天然地基或桩基	—	7 500	9.0×9.0	框架
5 层宿舍楼	5 层	—	丙级	155.3	2.0	天然地基或桩基	—	5 500	7.0×8.0	框架
3 层食堂+体育馆	3 层	—	丙级	155.3	2.0	天然地基或桩基	—	4 500	7.2×7.6	框架
地下车库	—	1 层	丙级	155.3	5.5	天然地基	—	3 000	9.0×9.5	框架

2.5.6.2 地质条件

场地高程范围值介于 152.76~163.90 m,场地南北交界处有一高约 6 m 的陡坎,陡坎上下地形整体较为平坦,场地东北角稍有起伏。本场地北侧上部分布有较厚的填土,填土深度为 30.0 m,南侧有小部分区域填土较浅,填土深度为 5~8 m。

场地地貌单元为山前弱切割平原,原始地貌为分布的冲沟,近几年堆填大量建筑垃圾,最深处约 31 m,填土包括建筑垃圾土、生活垃圾等。分布不均匀,呈多种土混合状态。各土层的分布特征见图 2-8,各层土工程地质条件及物理力学性质指标见表 2-12。

本场地勘测期间初见水位位于地面下 22.0~33.0 m,实测稳定水位埋深为现地面下 22.8~33.5 m,绝对高程介于 129.2~130.5 m。场地内深填土区 3 个钻孔等效剪切波速值 v_{se} 介于 140.4~143.8 m/s;根据波速测试结果,场地覆盖层厚度约 48 m。浅填土区 1 个钻孔等效剪切波速值 v_{se} 为 237.4 m/s,由于场地内大面积为深填土区,本工程建筑场地类别为Ⅲ类,属建筑抗震不利地段。

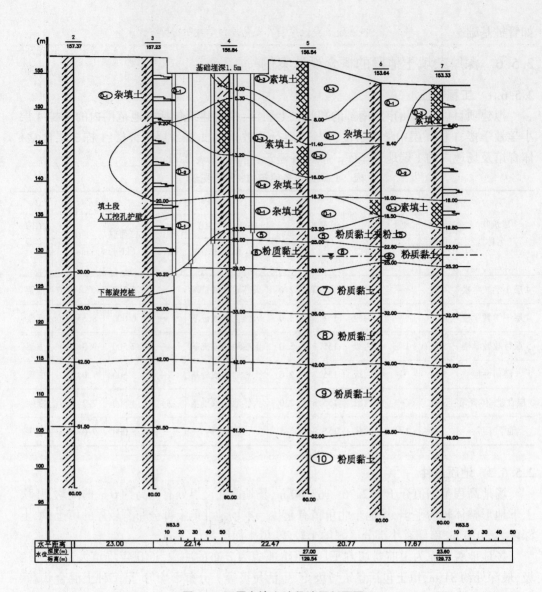

图 2-8　深厚杂填土地段地层剖面图

2.5.6.3　环境条件

拟建项目位于郑州市西南部的郑州二七新区,场地较开阔。

2.5.6.4　特殊土问题

本工程场地深填土区存在最大厚度约 31 m 的杂填土,基底下还剩 10~25 m 厚的杂填土,该杂填土对地基处理施工时造成很大的制约。

2.5.6.5　概念设计思路

围绕场地建筑结构特征、地质条件及特殊岩土工程问题及当地勘察设计经验综合分析,对各种地基处理方案的适用性、可行性进行分析。

(1)从建筑结构特点来看,场地内有 3~5 层多层建筑,基础埋深 2.0~5.0 m,框架结构,单柱荷载 4 500~7 500 kN。

表 2-12　各土层工程地质条件及物理力学性质指标统计

层号	岩性	状态	厚度 （m）	含水率 ω （%）	孔隙比 e	重度 γ （kN/m³）	液性 指数 I_L	重型动 力触探 （击）	压缩模量 E_{s1-2} （MPa）	承载力 特征值 f_{ak} （kPa）
①-1	杂填土	松散	12.2					7.2		
①-2	杂填土	松散	6.9					5.8		
①-3	素填土	松散	7.0					5.7		
①	粉土	中密	2.8	7.9	0.838	15.6	<0		11.2	160
②	粉土	中密	7.0	15.3	0.826	16.8	<0		13.3	180
③	粉质黏土	硬塑	2.1	19.2	0.839	17.3	0.14		9.7	240
④	粉质黏土	硬塑	3.9	19.4	0.841	16.5	0.17		11.0	270
⑤	粉质黏土	硬塑	3.7	21.6	0.702	19.1	0.20		9.7	240
⑤	粉土	中密	—	22.6	0.776	18.3	0.60			
⑥	粉质黏土	硬塑	3.4	20.8	0.651	19.6	0.09		10.2	250
⑦	粉质黏土	硬塑	7.4	21.2	0.668	19.4	0.11		12.0	300
⑧	粉质黏土	硬塑	7.7	21.9	0.694	19.3	0.16		19.0	270
⑨	粉质黏土	硬塑	9.8	22.9	0.723	19.1	0.23		11.7	290
⑩	粉质黏土	硬塑	—	20.9	0.746	18.5	0.08		12.8	320

（2）在正常地质条件下，当地对此类建筑多采用天然地基独立基础、天然地基条形基础或者天然地基筏板基础，当土质较差时可采用承台下复合地基等。但就本场地而言，在 2~5 m 的基础埋深下基底下还剩余 10~25 m 厚的杂填土，全部挖除显然不可能。

（3）就设计经验而言，对建筑在巨厚杂填土的多层建筑，处理杂填土的地基处理方法有：①强夯法，但处理深度一般最多不超过 15 m，再深尚没有设计经验；②夯扩桩；③孔内深层强夯法（DDC 法）；④螺杆桩，正常可以挤出可能遇到的大块石或桩头，但该工艺也属于近几年才有的桩型，对穿透基底下这部分杂填土都比较困难，存在着较大的不确定因素，且在本地应用尚不多；⑤DJP 工法，但目前在本地应用尚不多，不能得到设计认可；⑥桩基础。

（4）经综合比较分析，确定采用人工挖孔护壁结合旋挖钻孔灌注桩方案：上部填土采用人工挖孔后套筒护壁跟进直至原状土层位置，其下原状土范围内的灌注桩采用机械成孔。本工程实际采用人工成孔+机械成孔的钻孔灌注桩桩基础是可行的，试桩资料表明：桩径 0.8 m，桩长 33 m，单桩承载力特征值 2 900 kN；桩径 0.8 m，桩长 38 m，单桩承载力特征值 4 000 kN；桩径 0.9 m，桩长 43 m，单桩承载力特征值 5 100 kN，采用承台下桩基。

参考文献

[1] 顾宝和,毛尚之,李镜培,等.岩土工程设计安全度[M].北京:中国计划出版社,2009.

[2] 范士凯.土体工程地质宏观控制论的理论与实践[M].北京:中国地质大学出版社,2017.

[3] 王荣彦,许录明,张予强,等.深基坑变形控制设计及案例分析[M].郑州:黄河水利出版社,2019.

[4] 龚晓南,杨仲轩.岩土工程变形控制设计理论与实践[M].北京:中国建筑工业出版社,2018.

[5] 朱丙寅,娄宇,杨琦.地基基础设计方法及实例[M].北京:中国建筑工业出版社,2012.

[6] 顾宝和.岩土工程典型案例述评[M].北京:中国建筑工业出版社,2015.

[7] 滕延京,黄熙龄,王曙光,等.建筑地基基础设计规范:GB 50007—2011[S].北京:中国建筑工业出版社,2012.

[8] 黄强,刘金砺,高文生,等.建筑桩基技术规范:JGJ 94—2008[S].北京:中国建筑工业出版社,2008.

[9] 滕延京,张永钧,闫明礼.建筑地基处理技术规范.JGJ 79—2012[S].北京:中国建筑工业出版社,2013.

[10] 龚晓南,水伟厚,王长科,等.复合地基技术规范:GB/T 50783—2012[S].北京:中国计划出版社,2012.

[11] 中核岩土工程公司郑州分公司.萧县岩溶场地高层建筑岩土工程勘察报告[R].2019,10.

[12] 黄世敏,王亚勇,丁洁民,等.建筑抗震设计规范:GB 50011—2010[S].北京:中国建筑工业出版社,2010.

3 建筑场地稳定性分析与评价

3.1 概 述

按照文献[1]把影响建筑场地稳定的不良地质问题和现象分为八个方面,包括岩溶与土洞、滑坡、危岩与崩塌、泥石流、采空区、地面沉降、地震效应和活动断裂。相关规范建议在建筑场地选址阶段可能位于上述建筑场地且处理难度较大时,建议应优先考虑采取避让措施,当不能避让时应结合建筑类别和重要程度进行勘察,查明其分布特征、工程特点及可能引发的不良地质问题,必要时采取相应的工程措施,如对建筑场地采取进行加固和加强措施,确保建筑场地的稳定。因此,建筑场地的稳定性评价和计算对各类建构筑物安全运行非常重要。岩土工程勘察是进行建筑设计的必要条件和基础,文献[1]第5.1.1条提出,当拟建场地或附近存在对工程安全有影响的岩溶时应进行岩溶勘察;第5.2.1条指出,当拟建场地或附近存在对工程安全有影响的滑坡或潜在变形体时应进行专门勘察,等等,而且都是强制性条文,可见其重要程度。不难想象,一旦建筑场地遭受各类地质灾害的侵蚀时,即使建筑物经久耐用、坚固异常,也无济于事。因此,各类建筑的勘察设计中建筑场地的稳定性评价需要首先解决的大问题。

考虑到滑坡、危岩、崩塌与泥石流多位于山区,具有范围广、危害大、专业性强、工程极其复杂的特点,在行业类别上属于国家国土资源部门管理,有一系列的理论及相应的勘查、设计、治理监测等评价标准,需要进行专门的勘察、设计,并采取相应的处理措施;在地质工程的专业类别划分上划入地质灾害工程的范畴,前人也有大量的论述及文献;而对活动断裂的评价属于国家地震部门管理,具有专业性强、工程极其复杂的特点,也有相应的评价标准及相应设防和处理措施,故本书不再涉及上述内容。以下仅对建筑工程中经常遇到的边坡工程、岩溶与土洞、采空区进行论述。

3.2 土质边坡建筑场地稳定性评价

3.2.1 边坡工程特点与分类

我国地域辽阔,其中近70%为丘陵、高原与山地,地层岩性多为全新统、上更新统湿陷性黄土、中更新统粉质黏土夹钙质层,中、下更新统的膨胀土及山前坡积、洪积的碎石土夹粉质黏土或者粉质黏土夹碎石土,底部也多为第三系泥岩、砂岩或者风化岩、基岩等。随着国家与地方大力发展经济,大兴土木建设,如公路、铁路、工厂、建筑等,在通过这些丘陵、山地时需要遇山开路、逢沟架桥,同时也需要平山填沟,这样就遇到许多的天然边坡,也会形成许多人工边坡。当建筑场地附近有可能影响到建筑本身的稳定时,在进行建筑工程的勘察时,也应同时进行边坡工程的勘察设计,将二者统筹考虑,以确保建筑场地的稳定。

边坡工程按照组成物质和地质结构的不同可分为土质边坡、类土质边坡和岩质边坡。以下仅对常见的土质边坡进行论述。

土质边坡按照土质成分和结构类型分为匀质土质边坡(如软土边坡、黏性土边坡、碎石土边坡、砂土边坡等)、层状土质边坡、二元结构边坡和特殊土边坡,其中的特殊土边坡又可分为黄土边坡、膨胀土边坡、填土边坡、软土边坡、红黏土边坡等。

3.2.1.1　边坡工程的分类

(1)按照边坡的岩土组合类型,常见的有:

土质边坡、特殊土类的黄土类边坡、特殊土类的膨胀土类边坡、特殊土类填土类边坡、土岩组合类边坡。

(2)按照边坡的高度划分:

土质边坡:如高度大于 5 m、5~15 m 及高度大于 15 m 的边坡分别称为低边坡、中等高度边坡和高边坡。

目前铁路及公路通行的认识,一般定义的高边坡为土质边坡≥15 m。

(3)按照人类有否工程活动,分为工程边坡和自然边坡。

3.2.1.2　边坡工程的安全等级

按照文献[2],按边坡高度、边坡类型及破坏后果确定边坡工程安全等级。实际上,边坡工程安全等级的划分按破坏后果进行划分,确定的思路是正确的。试想,在深山里,人迹罕至,即使 100 m 高的边坡滑塌,若无造成河道堵塞、交通堵塞、人员及财产损失,谈何影响。

3.2.2　边坡的变形特点与破坏模式

按照边坡破坏形式的不同又可分为浅层的坡面破坏和深层的坡体破坏。

边坡破坏形式与边坡形状(高度、坡度)、岩性、土体性质及外部因素(降雨、人工)密不可分。

3.2.2.1　按照坡体变形体的深浅程度划分

边坡所在山体或斜坡体工程地质条件较差,有不良坡体结构或岩体结构,有贯通且延伸度长的倾向临空的不利结构面或软弱夹层,地下水发育,影响范围深、边坡高度高,会产生规模较大的滑坡、崩塌、错落和坍塌等坡体整体失稳变形,其范围常超出边坡范围。

1. 坡面变形

坡体、边坡自身是稳定的,但坡面在外界因素作用下,因剥蚀、风化、冲刷等产生坡面变形,形成碎落、剥落、溜坍、冲沟、局部坍塌、浅层滑坡等,破坏深度一般在坡体表层 1~2 m。

2. 坡体内变形

在边坡范围内工程地质条件较差,或含水率高,变形破坏可以是一级或数级边坡的变形,但破坏深度一般较大(如超过 10 m),在边坡范围内会发生深层滑动等。

3.2.2.2　按照边坡可能的破坏模式(滑坡、塌滑等)划分

对土质边坡,可分为圆弧类、折线类及复合类,如后缘的圆弧与下部折线复合类等。

3.2.3　边坡工程的概念设计

3.2.3.1　问题的提出

1.边坡分类多样,影响因素众多

大家知道,边坡工程研究的对象为地表下的岩、土、水体,作为边坡的一种特例——滑坡的发生是多因素联合作用下的结果,其形成条件、产生原因、变形破坏机制及几何边界条件等都具有复杂性和不确定性。

2.不同类型的边坡具有不同的破坏模式及相应的各类计算模式

以黄土丘陵地带常见的黄土边坡为例,黄土边坡的破坏形式一般分为两大类,即坡面变形和坡体变形。坡面变形中包括坡面冲刷、剥落、掉块等;坡体变形包括湿陷变形、崩塌、滑坡等,其中的黄土滑坡又可进一步细分为沿土岩界面、沿裂隙结构面或圆弧形滑动等,其中的结构面又可分为直线形、折线形等。而每一种滑动形式都有相应的计算模式,如滑面为折线形多采用传递系数法,如滑面为圆弧形,多采用弗洛伦斯法计算。而不同的计算模式都有相应的假定条件,很难、也不可能与实际发生的边坡破坏形式完全吻合,有一定的假定条件及局限性。

3.现有边坡工程治理学科的不成熟与不完善

我们知道,对边坡工程包括滑坡工程,我们常采用多种勘察手段进行分析,即使采用了工程勘查的多种手段,也难以全面准确地了解边坡的地质条件、组合结构,更难以准确把握滑面特征、滑面力学参数等,再加上降雨、地震、人工活动的随机性,使得要获得对边坡工程的全面、准确、齐全、可靠的地质资料往往难以达到。

4.多种多样纷繁复杂的支护形式

从表3-1黄土边坡常见的支护形式看,仅对黄土边坡的支护选型就多达十几种。另外,对膨胀土边坡、二元结构边坡等因其各自特点,也有风格各异的支护方案。如何从这些多种多样的支护方案中选取一个安全可靠、经济合理、技术可行的工程方案,成为能否有效治理边坡的关键。其取舍难度可想而知。

3.2.3.2　边坡工程的概念设计

基于以上因素和分析,要准确确定边坡工程(滑坡工程)的特征、成因和破坏模式,需要勘查设计及岩土技术人员进行实地调查、采用多种勘查手段实测定量,查明边坡体(灾害体)特征、成因、结构组合关系,对灾害体有总体宏观的把握,再结合以往对类似工程的成功设计经验,结合具体项目特征勾画出初步的设计框架。概念设计就是在这样的背景下产生的。

3.2.3.3　概念设计的含义与内涵

编者认为,以边坡特有的岩土工程条件(含环境条件)和岩土工程问题为研究对象,以现有边坡工程设计理论和设计方法为指导,对某区域多年来的边坡支护设计经验进行归纳、提炼,将其共同特征进行概括、总结,从而形成具有普遍指导意义的设计思路和设计方法。边坡工程的概念设计也称思路设计(或者路线图设计),它是一种设计理念,它有

着为具体的设计方案选型指明方向、规划路径、抓住项目关键、进行总体部署的特点。没有概念设计，就像汪洋中的一条船，失去了方向和船长，而船长的经验和导向显得无比重要。要求在熟练掌握有关边坡工程等专业理论基础上，在了解边坡工程分类、边坡特征及边坡地质演化规律基础上，在对当地已有类似边坡工程的设计经验充分掌握前提下，在把握有关边坡设计要素基础上[这些设计要素包括边坡特征、地形地貌及地质条件、环境条件(施工条件)、设计及业主要求、工期要求等]，提出可能采用的多种边坡支护方案，然后进行技术、经济和施工可行性对比，再确定合适的边坡设计方案。这种利用已有成熟的设计经验结合现有的设计要素，因地制宜对边坡设计方案筛选和比选的过程就是边坡工程的概念设计。

从以上的定义不难看出，要做好边坡工程的概念设计，至少应包括以下几点：

(1)强调对当地已有的成熟的边坡设计经验的总结和提炼，要用经过检验、不断优化的地区经验指导具体边坡工程的设计。

(2)具体的设计要素的了解和掌握，如边坡特征、地质结构组合特点、可能的破坏形式、设计要求、施工条件及其他限制条件，要了解业主的关切和要求。

(3)二者有效结合形成的多种边坡设计方案。

(4)对选定的两种方案从安全、经济及施工可行性进行对比，从中确定一个方案。

3.2.4 设计思路

3.2.4.1 **总体思路**

边坡处治方案主要取决于地层的工程性质、水文地质条件、荷载的特性、使用要求、原材料供应及施工技术条件等因素。方案选择的原则是：力争做到使用上安全可靠、施工技术上简便可行、经济上合理。因此，一般应做几个不同方案的比较，从中得出较为适宜而又合理的设计方案与施工方案。

对岩土工程师而言，总体思路可归纳为一句话：面向"条件和问题"，提出"方案和措施"。

(1)条件：指对边坡的具体设计要求、设计条件、设计目的(保护对象)及本身特点的认识和把握(边坡的高度、坡度、岩性组合)。

(2)问题：通过各种踏勘、地质测绘、测量、钻探、探井、探洞及原位测试(如标贯、静探、波速测试等)、土工试验及综合分析等勘察手段取得有关勘察成果，发现其中关键地质问题，确定潜在的破坏模式。

(3)方案和措施：在查明"条件和问题"的基础上，针对边坡因各种不利因素及其组合可能的破坏模式提出设计方案和治理措施，即强调"砍头""固腰""强脚"。

3.2.4.2 **基本思路**

(1)基于边坡工程特点及可能的破坏模式限制条件(施工可行性及当地施工队伍水平和施工经验)进行方案比选，强调系统设计、综合治理、"砍头""固腰""强脚"，防排结合的设计思路。

"砍头"：清方、削坡、坡面整平。

"固腰"：对边坡中部采用工程手段。

"强脚":对坡脚工程地质较差的边坡尤其需要考虑。

防排结合:挡、排水的组合措施,如坡面、坡顶、坡周、坡脚。

监测:包括各类监测措施,它也是不断提高对边坡勘测、设计水平的有效手段,同时也可有效检验勘测设计和施工效果。

(2)对高边坡采用分级治理加设置宽平台的设计思路。

对高边坡采用多级开挖、多级放坡+宽平台+固腰强脚的思路。

(3)基于边坡可能的破坏模式从问题入手进行针对性治理的设计思路。

①对于高土质边坡,在边坡顶部常常产生平行于坡面的张性拉裂缝,表现为边坡中上部极易失稳破坏。因此,在高边坡治理时,对于中上部,多采用加大削坡减载的力度,放缓边坡,并采取加强腰部加固措施。

②对于以坡面变形为主的边坡,采用浅表层的缓坡型防护,如对残、坡积层边坡采用拱型骨架防护、浆砌片石防护,坡度一般为 1.00~1.25;对松散土层边坡:采用网格骨架、浆砌片石、植草防护,坡度一般为 1.25~1.50。另外,对缓边坡提倡绿色防护理念,如人造景观、生态工程等。

③对于深层的坡体变形以深部防护为主,如在边坡中部(腰部)采取固腰措施,如以预应力锚杆框架防护为主,以预应力锚杆(锚索)加框架(格构)及墩垫防护为主。坡脚应力集中防护:以坡脚设桩、墙等支挡结构防护为主,或加厚护面墙工程措施。

④工程措施也应地表水、地下水引排处理结合。

地表水、地下水引排处理:对于坡体地下水引排,以仰斜平孔排水引排为主,结合墙背盲沟及结构泄水孔处理,有时还用边坡渗沟、支撑盲沟及重点部位引排等坡体地下水引排工程措施。对地表水引排,一般在路堑边坡堑顶均设有截排水沟,坡面结合检查梯设急流槽,以及平台侧沟、路堑边沟等组成综合地表排水系统。

⑤及时监测、检测,结合施工过程进行动态设计的设计思路。

(4)就建筑工程与边坡二者关系而言,应将对建筑与边坡的勘察、设计同时考虑。

①当建筑物在坡顶时,对边坡而言,建筑物在坡顶相当于某种荷载作用于坡顶,进行边坡设计应将建筑荷载作为附加荷载进行考虑;对建筑物而言,当建筑物邻近边坡时,应充分考虑到边坡的稳定性对建筑物的不利影响,应采用刚度较大的基础形式防止因边坡稳定性弱化影响建筑基础稳定。

②当建筑物在边坡底部时,应考虑建筑物因离边坡较近时边坡稳定性对建筑的影响,必要时应对边坡进行勘察设计及有关治理工作。

3.2.5 常见护坡形式

现对 20 余年来应用于大多数黄土边坡的支护形式进行总结分析,具体见表 3-1。

表 3-1　黄土边坡常见的坡体支护形式

序号	护坡形式	适用条件	备注
1	缓坡及极缓坡类放坡	可从数米到几十米	一般要与生物措施结合
2	各类挡土墙如重力式挡墙、扶壁式挡墙、衡重式挡墙等	一般高度不超过 5 ~ 8 m;当边坡不太高、土体本身稳定时多采用	1. 当高度较大时,对墙底承载力要求高; 2. 对砌筑质量要求高; 3. 多为有一定填方和削坡后的边坡
3	桩板式挡墙	一般高度小于 10 m	属悬臂式大直径、大间距护坡形式,桩顶位移一般较大
4	桩锚板(锚拉桩板式)式护坡	一般可大于 10 m	1. 控制边坡变形较好; 2. 常与上部有较高填方边坡结合使用
5	土钉墙与预应力复合土钉墙	可大于 15 m	
6	加筋土挡墙	当施工质量确有保证时,可分级支护,高度可大于 15 m	1. 为填土边坡; 2. 对施工质量要求较高
7	锚定板挡墙	可分级,高度可以大于 10~15 m	1. 为填土边坡; 2. 当施工质量要求较高时
8	1. 复合式挡土墙,如桩托梁挡土墙; 2. 挡土墙与加锚索复合	高度可以大于 10 ~ 15 m	需要对已有挡土墙加固时
9	悬臂桩结构	一般适用高度小于 10 m	桩顶变形较大
10	组合式护坡,如上部挡土墙或多级放坡、下部锚拉桩结构	可分级支护,高度可以大于 15 m,但分级高度小于 10 m	
11	锚索格构梁类	可数十米到几十米	控制边坡变形较好
12	工程措施与生物措施结合类护坡		

3.2.6　边坡工程的细部设计

边坡工程的细部设计因护坡形式的不同而各有特点,一般包括:

(1)了解场地及周边地形地貌、地质条件、地下水条件和环境条件。

(2)了解边坡特征:高度、岩性及岩性组合关系等。

(3)明确各类设计条件:荷载条件、安全等级、限制条件、暴雨频率设计、设计年限等。

(4)支护结构的选型,平面及立面布置,支护结构的各类设计参数、构造参数,结构计算、各类承载力计算、面层计算、强度与稳定性计算等。

(5)环境条件复杂需要变形控制时变形验算或估算分析。

(6)汇水、挡水与排水设计及有关计算:如地貌单元及分水岭、汇水面积、暴雨频率设计、排水沟规格与流量设计等。

(7)细部构造设计、节点设计。

(8)各分部分项工程的设计及要求。

(9)强调支护、挡排水施工与检测、验收等。

(10)监测各个环节一个都不能少。

(11)强调文、图、表要协调配合。

3.2.7　稳定土坡坡顶上的建筑设计要求

位于稳定土坡坡顶上的建筑,采用天然地基时,应符合下列规定:

(1)对于条形基础或矩形基础,当垂直于坡顶边缘线的基础底面边长小于或等于 3 m 时,其基础底面外边缘线至坡顶的水平距离(见图 3-1)应符合下式要求,且不得小于 2.5 m:

条形基础:

$$a \geqslant 3.5b - \frac{d}{\tan\beta} \tag{3-1}$$

矩形基础:

$$a \geqslant 2.5b - \frac{d}{\tan\beta} \tag{3-2}$$

式中:a 为基础底面外边缘线至坡顶的水平距离,m;b 为垂直于坡顶边缘线的基础底面边长,m;d 为基础埋置深度,m;β 为边坡坡角(°)。

(2)当基础底面外边缘线至坡顶的水平距离不满足式(3-1)、式(3-2)的要求时,可根据基底平均压力按公式确定基础距坡顶边缘的距离和基础埋深。

(3)当边坡坡角大于45°,坡高大于 8 m 时,尚应结合可能的破坏模式,验算坡体稳定性。

对位于稳定土坡坡顶上的建筑,应采用刚性桩复合地基或桩基础。当不满足要求时,应按前述内容进行相应的边坡评价和有关治理工作。

对位于坡地、岸边上的桩基设计要求见表 3-2。

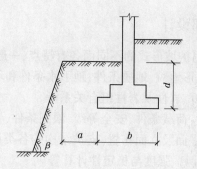

图 3-1　基础底面外边缘线至坡顶的水平距离示意图

表 3-2　坡地、岸边上的桩基设计要求

序号	情况	设计要求
1	对建于坡地岸边的桩基	不得将桩支承于边坡潜在的滑动体上,桩端进入潜在滑裂面以下稳定岩土层内的深度应能保证桩基的稳定
2	建筑物桩基	与边坡应保持一定的水平距离,不宜采用挤土桩
3	建筑场地内的边坡	必须是完全稳定的边坡,如有崩塌、滑坡等不良地质现象存在时,应按现行《建筑边坡工程技术规范》(GB 50330—2013)进行整治,确保其稳定性
4	新建坡地、岸边建筑桩基工程	应与建筑边坡工程统一规划,同步设计,合理确定施工顺序

3.3　岩溶与土洞场地的稳定性评价

3.3.1　概述

岩溶是指可溶性岩层等受水的化学和物理作用产生沟槽、裂隙和溶洞及由于溶洞垮落使地表产生垮塌、陷穴等的土洞伴生形成的不良地质现象,它的形成与可溶性岩层的分布与发育、溶蚀通道、断裂裂隙及破碎带等构造运动,以及当地气象水文、地形地貌单元等密切相关。

土洞是在有上覆土的岩溶发育区覆盖层厚度(一般小于 30 m)、黄土分布区和采空区上覆土中,由于特殊的地下结构构造特征加上特殊的水文地质条件,会使岩面以上的上覆土产生流失、潜蚀形成土洞进而引发地面塌陷或者变形破坏。它是岩溶的另一种表现形式,因其发育快、分布密,对工程及人类的活动影响要远大于溶洞,因此将其与溶洞并列(简称岩溶场地)。近年来一些地方因大量抽取地下水使地下水位急剧下降进而引起土洞及地面塌陷的发生。

岩溶地基是指岩体中存在溶洞、溶蚀裂隙，岩体表面在石芽、溶沟、溶槽、溶蚀漏斗及上覆的覆盖土层中存在各类残积土及伴生土洞等不良地质现象的地基。

对岩溶场地地基的勘察目的就是要查明对建筑场地和地基有影响的岩溶发育规律，岩溶的分布、形态、规模及岩溶水、软土分布情况等，为趋利避害、因地制宜进行岩溶场地的利用提供合适的工程处理和地基基础选型。

3.3.2 勘察要求

对岩溶场地的评价可分为对整个建筑场地的分区评价和建筑地基内对个体岩溶评价两个部分。前者按照场地内岩溶发育强度在平面上对建筑稳定性进行分区，作为场地选址、建筑总平面图的设计依据，使各类不同安全等级的建筑物分布与场地岩溶发育程度分区相一致。后者针对单栋建筑地基持力层及受力层内的单体溶洞进行定性和定量评价。

3.3.2.1 勘察目的

(1)查明场地内溶沟、溶槽、溶隙及溶洞等的埋深、分布形态、规模、充填物特征等，对场地发育的溶沟、溶槽、溶洞等岩溶现象应按比例或图例反映在工程地质平面、剖面图上。

(2)查明场地基岩的风化程度、分布和厚度及是否有软弱土、残积土分布，分析基岩面的起伏情况，有无影响地基基础稳定的临空面或滑移面。有条件时宜绘制场地基岩面等高线图、上覆土层等厚线图等。

(3)鉴定溶洞顶板岩体厚度及质量等级和溶洞周围与底板以下 5 m 内的岩体完整性情况，提供主要岩体软弱结构面倾向、倾角和岩体及软弱结构面物理学性质指标等。

(4)查明岩溶发育地带上部土洞或塌陷群的埋深，土洞尺寸、顶部土层厚度、性状、水的活动等，预测土洞的发展趋势。

(5)查明场地汇水、积水的可能性，分析可能对建筑场地的不利影响。

(6)查明场地地下水类型，裂隙水或溶洞水，地下水位变幅、流向、补给来源、流量大小，地下水活动情况，岩体透水性以及其对土洞、溶洞发展和充填物冲蚀、潜蚀的影响。

(7)对基础下溶洞围岩及可能的岩体持力层应进行岩体质量等级的划分。确保桩端下 3D 及 5 m 范围内为较完整基岩。

(8)进行场地稳定性分区及评价，结合建筑特征、基础埋深及地基基础设计等级等因素，因地制宜提出合适的场地与地基基础处理措施。

(9)结合场地及地基复杂程度及详勘阶段的局限性对施工阶段进行施工勘察的必要性分析。

3.3.2.2 勘察思路

1. 多种手段、综合分析的勘察原则

对岩溶场地，在对区域地质资料及当地设计经验及现场查勘基础上进行。勘察宜采用地质测绘、物探(两种以上方法)工作并在初步分析地下岩溶发育特征基础上，对可能的岩溶发育地段采用钻探、取样、测波速、井下电视等进一步验证，准确确定场地岩溶发育特征。然后进行岩溶场地分区,并结合建筑物重要性及地基设计等级进行建筑平面布局及相应评价,提出相应的地基处理措施。

2. 地基与场地复杂程度划分

在可研阶段或初步勘察阶段发现存在较大规模的岩溶、空洞、土洞等不良地质现象时,按照文献[1]第3.1.2、3.1.3条,应按中等复杂或复杂场地或者一级复杂地基进行勘察,当预测到或通过物探方法推测到预定深度可能存在串珠状溶洞或异常带时,一般应穿透该深度,但控制深度一般不超过50 m。

3. 地基基础设计等级的划分

对建造在岩溶地基上的建筑,在现场查勘或者可研阶段存在较大规模的岩溶、空洞、土洞等不良地质现象时,因建筑场地为复杂场地,地基至少为中等复杂地基,按照文献[7],当场地或地基条件为复杂时,即使为一般建筑物,其地基基础设计等级也应为甲级或乙级。

4. 重点勘察内容

(1)通过调查或踏勘发现场地不良地质现象比较发育时,一般应分阶段勘察,不宜合并勘察阶段。

(2)对上部可能存在土洞、塌陷等土质地段,应通过调查、测绘及现场探井、钻探、静力触探等综合手段查明土洞的分布、形状、规模等,查明上部土体的物理力学性质,必要时进行相应的湿陷、膨胀等试验。

(3)对在可研阶段或初步勘察阶段发现存在较大规模的岩溶空洞等不良地质现象时,宜采用有效的物探方法进行勘察,并应进行钻探验证,宜对钻孔内地层测试波速。

(4)当发现基岩面起伏较大或溶沟溶槽内分布有软弱土时,应加密勘探点。

(5)为评价浅埋溶洞顶板强度稳定性,宜在合适地段进行顶板岩体载荷试验。

5. 稳定性分区

按照场地内岩溶发育强度在平面上对建筑稳定性进行分区,作为场地选址、建筑总平面图的设计依据,尽量使各类不同安全等级的建筑物布置与场地岩溶发育程度分区相一致。

根据岩溶发育程度对场地进行稳定性分区,重大建筑应避开浅层岩溶发育区段。

这里建议用工程地质类比法评价岩溶场地的稳定性,具体见表3-3。

当定性评价为对场地不利时,应进一步分析。

岩溶发育程度是一个综合性的评价指标,它受多种因素影响,包括场地地层岩性、地质构造及场地地形地貌单元和区域内水文气象因素、区域岩溶水的发育特征、排泄基准面等,同时还要考虑到高、低层建筑特征及发育的溶洞层位及与可能的持力层的距离等因素。建筑场地按照以下要求进行分区:①岩溶强烈发育及受岩溶强烈影响区;②岩溶中等发育及受岩溶中等影响区;③岩溶不发育及不受岩溶影响,或者轻微影响区。对重要建筑物,应选择有利场地,主体建筑应尽量避开溶洞等岩溶发育地带。

场地岩溶等级的划分建议按照表3-4划分。

表 3-3　工程地质类比法评价岩溶场地的稳定性

评价因素	对稳定有利	对稳定不利
地质构造	无断裂、褶曲，裂隙不发育或胶结良好	有断裂、褶曲，裂隙发育，有两组以上张开裂隙切割岩体，呈干砌状
岩层产状	走向与洞轴线正交或斜交，倾角平缓	走向与洞轴线平行，倾角陡
岩性和层厚	厚层块状，纯质灰岩，强度高	薄层石灰岩、泥灰岩、白云质灰岩，有互层，岩体强度低
洞体形态及埋藏条件	埋藏深、覆盖层厚，洞体小（与基础尺寸比较），溶洞呈竖井状或裂隙状，单体分布	埋藏浅，在基底附近，洞径大，呈扁平状
顶板情况	顶板厚度与洞跨比值大，平板状，或呈拱状，有钙质胶结	顶板厚度与洞跨比值小，有切割的悬挂岩块，未胶结
充填情况	为密实沉积物填满，且无被水冲蚀的可能性	未充填、半充填或为水流冲蚀充填物
地下水	无地下水	有水流或间歇性水流
地震设防烈度	地震设防烈度小于 7 度	地震设防烈度等于或大于 7 度
建筑物荷重及重要性	建筑物荷重小，为一般建筑物	建筑物荷重大，为重要建筑物

表 3-4　场地岩溶发育等级

岩溶发育等级	地表岩溶发育密度（个/km^2）	线岩溶率（%）	遇洞隙率（%）	单位涌水量[L/(m·s)]	岩溶发育特征
岩溶强烈发育	>6	>10	>60	>1	岩性纯，分布广，地表有较多的洼地、漏斗、落水洞、泉眼、暗河、溶洞发育
岩溶中等发育	5~1	10~3	60~30	1~0.1	以次纯碳酸盐岩为主，地表发育有洼地、漏斗、落水洞、泉眼、暗河稀疏，溶洞少见
岩溶弱发育	<1	<3	<30	<0.1	以不纯碳酸盐岩为主，地表岩溶形态稀疏，泉眼、暗河及溶洞少见

注：1. 同一档次的四个划分指标中，根据最不利组合的原则，从高到低，有 1 个达标即可定为该等级。

2. 地表岩溶发育密度是指单位面积内岩溶空间形态（塌陷、落水洞等）的个数。

3. 线岩溶率是指单位长度上岩溶空间形态长度的百分比，即：线岩溶率=(钻孔所遇岩溶洞隙长度)/(钻孔穿过可溶岩的长度)×100%。

4. 遇洞隙率是指钻探中遇岩溶洞隙的钻孔与钻孔总数的百分比。

3.3.2.3 施工阶段的勘察要求

由于岩溶发育与分布的复杂性和不确定性、基岩面起伏的不确定性、目前勘探手段及原位测试工作的局限性，以及在详勘阶段一般勘探点间距常在 15~30 m，一栋建筑物一般仅数个勘探点，因此不可能完全查明各建筑物下具体的岩溶形态，在大开挖后会发现与勘察阶段的地质描述、地质条件差别较大，可能分布着形状各异的大溶洞，也可能有断层及其破碎带或残积土等，详勘精度显然不能满足施工阶段的要求，必须逐孔检查岩溶发育特征，确保桩端下一定深度内岩体完整，无大溶洞或临空面发育。因此，对岩溶地区的地基进行持力层检验势在必行，对存在影响基础稳定或不均匀变形的软弱夹层、断层破碎带等特殊岩土工程问题的场地，应进行施工勘察。建议如下：

（1）土洞、塌陷可能分布的地段，宜在已开挖的基槽内进行勘察，可采用动力触探或钎探的方法，查明可能存在的隐伏土洞、软弱土层的分布范围。对独立基础应在四角及中心部位布点，当基础底面积 $A \leqslant 5 \ m^2$ 时，布置不少于 3 个钻孔，当基础底面积 $A = 5 \sim 12 \ m^2$ 时，布置不少于 5 个钻孔；对条形基础应沿基础中线 2~4 m 布置不少于 1 个钻孔。

（2）对于荷载较大的工程或大直径嵌岩桩，根据其基底或桩底面积的大小，可采用小口径钻探进行检测，基底边长或桩径小于 0.8 m 时，布置不少于 1 个钻孔；基底边长或桩径为 0.8~1.5 m 时，布置不少于 3 个钻孔；基底边长或桩径为 1.5~3.0 m 时，布置不少于 5 个钻孔。

（3）当有条件辅以物探时，每根桩应布置不少于 1 个钻孔进行验证。

（4）勘探深度应不小于基础底面以下基底边长或桩径的 3 倍且不小于 5 m。当邻近基础或桩底的基岩面起伏较大时，应适当加深，同时在相邻基础（桩）间增加钻孔，查明可能影响基础（桩端）滑移的临空面。

3.3.3 岩溶场地地基基础评价

（1）岩溶场地地基基础选型应结合建筑物具体位置、特征（荷载大小、基础埋深）与所在地段持力层及下卧层地质条件、地下水条件、基岩顶板埋深、岩溶发育特征及充填情况、充填物性质等进行综合分析与评价。

①当荷载大小与持力层承载力接近时，应尽可能考虑采用天然地基筏板基础。

②当建筑荷载较大，基底与基岩顶板距离较大时，可首先考虑采用复合地基，尽量减少荷载传递深度，不以基岩顶板及岩溶地基为持力层，如采用大直径长螺旋 CFG 复合地基或者管桩复合地基。

③采用管桩，可充分利用桩端承载力高、在有效桩长较短时仍可以提供较大的单桩承载力的优势。

（2）建筑场地不稳定地段的划分。

按照文献[7]第 6.6.4 条，当场地存在下列情况之一的地段，未经处理时不应作为建筑物地基：

①浅层洞体或溶洞成群分布，洞体直径较大且不稳定的地段；

②埋藏有浅的漏斗、溶槽等，充填有软弱土地段；

③土洞或塌陷等岩溶强烈发育地段；

④岩溶水排泄不畅,可能造成淹没的地段。

如场地岩溶发育程度为中等及以下,场地基础下无地下水或埋藏较深且无上升可能,溶洞充填密实且土质较好,经严密论证后,可将下浮的岩溶地基作为土岩不均匀地基考虑。

(3)可不考虑岩溶对场地与地基稳定性影响的情况。

按照文献[7]第6.6.5条,当符合下列条件之一时,可不考虑岩溶对场地与地基稳定性的影响,可按常规地基进行设计。

①因洞体较小,基础底面大于溶洞的平面尺寸,并有足够的支承长度;

②顶板岩体厚度大于或等于洞跨。

(4)对地基基础设计等级为丙级且荷载较小的建筑物,当符合下列条件之一时,仍可不考虑岩溶对场地与地基稳定性的影响,据文献[7]第6.6.6条:

①基础底面与溶体顶板间土层厚度大于独立基础宽度的3倍或条形基础宽度的6倍,且未来不具备进一步形成土洞的条件时;

②虽不满足本条第一款,但因洞体较小,洞隙或岩溶漏斗被密实的沉积物填满,其承载力特征值150 kPa以上,且未来没有被各类水冲蚀的可能。

(5)当不符合上述条件时,应对溶洞地基进行稳定性分析。当基础附近有洞隙形成临空面时,应验算向临空面倾覆或沿裂隙面滑移的可能,并应采取可靠的地基基础措施。

3.3.4 常见的基础处理措施

(1)对浅埋的开口型或跨度较大的溶洞、溶沟、溶槽等岩溶地基,当荷载不大时,可通过加深基础埋深等措施尽量采用天然地基;或者对大块石芽、溶沟等出露的地基应进行表面修整,按照土岩组合地基设置褥垫层等方式;当岩溶洞隙较小时,可采用镶补、嵌塞与跨越等方法处理地基;当岩溶洞隙较大时,可采用混凝土梁、板和拱等结构跨越。

(2)当溶洞平面尺寸大于基础尺寸,溶洞埋藏较浅时应采用桩基础穿过溶洞,将桩端置于稳定岩体中。

(3)对地基基础设计等级为甲级,单柱荷载较大或小高层及以上建筑,宜采用承台下或箱、筏下桩基础形式,并应通过各种手段查明,确保桩底以下3~5倍桩底直径及5 m深度范围内岩体完整,无较大洞隙分布,桩端周边应嵌入中风化岩体0.5 m以上。对承台下桩基础应逐孔检验,对筏板下桩基础,检验发现不满足要求时应通过注浆处理加强。

当采用嵌岩桩进行设计时,灌注桩的单桩承载力特征值建议按照文献[9]第8.3.12进行设计计算。初步设计时,考虑到岩溶地基中岩溶发育的严重不均一及极大变异性以及溶沟、溶槽及期间的充填土分布的极大变异性,其中的岩石极限端阻力应按照中等或微风化岩体的端阻力取值,并应通过试桩确定。

①当无地下水或水量较小时,涌水可抽排、孔壁稳定,宜用人工挖孔桩或机械挖孔桩结合人工凿岩、清底措施;

②当地下水丰富,基坑涌水量大,抽排将引起环境及相邻建筑物的不良影响,或孔壁为淤泥类软土无法护壁时,宜用钻孔桩或旋挖桩;

③冲击旋喷桩(DJP法)。

冲击旋喷桩是近年来形成的一种新工艺,比较适合桩端溶沟、溶槽发育、基岩面高低差异大且分布有较难查明的软土时,一方面对软土及碎石进行高压旋喷固结,另一方面可冲击风化层及分布高低不平的溶沟、溶槽,可确保桩端进入在密实、坚硬的持力层上。

3.4 煤矿采空区建筑场地的稳定性评价

煤矿采空区属于隐蔽、复杂、地表变形范围较大、进而引发地质灾害,对地面建筑工程场地危害较大,是一种典型的不良地质现象。随着工程建设不断外扩,土地资源愈来愈紧缺,已有的煤矿采矿区可能会成为城市建设中心,因此开展有效地对煤矿采空区的勘察评价显得十分必要。

煤层开采后,采空区上覆岩层产生垮落带、断裂带、弯曲带,在地表形成一个比采空区范围大得多的下沉盆地,如图 3-2 所示。描述地表盆地内移动和变形的指标是下沉、倾斜、曲率、水平移动和水平变形等。下沉盆地内任一点的地表移动过程可分为三个阶段:初始期、活跃期和衰退期。初始期从地表下沉值达到 10 mm 时起,到下沉速度小于 50 mm/月止;活跃期为下沉速度大于 50 mm/月(急倾斜煤层下沉速度大于 30 mm/月)的一段时间;衰退期从活跃期结束时开始,到六个月内下沉值不超过 30 mm 为止。按照文献[12]规定的"移动稳定"后,实际上地表还有少量残余下沉量,这个残余下沉量将持续相当长一段时间,残余沉降与开采深度、覆岩性质、顶板管理方法等有关。在老采空区上方新建建(构)筑物时,应根据开采结束时间,估计残余下沉的影响。

对煤矿采空区的岩土工程勘察可分为可行性研究阶段和初步勘察阶段,应在收集区域地质、地下水资料、采空区资料基础上进行采空区专项调查,查明场地下覆采空区井巷特征、煤层发育特征、覆岩(土)特征及垮落类型、地表变形特征,进行场地和地基的稳定性评价进而进行场地适宜性分区,为建筑总平面图的布置提供地质依据,对可能需要治理的采空区提出治理措施。

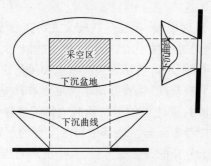

图 3-2 采空区下沉特征

3.4.1 采空区勘察及评价思路

通过收集资料、踏勘,可研阶段的调查,综合性地质测绘及煤矿采空区专项调查,确定以下内容:

(1)采空区上覆的土、岩的岩性、厚度及工程地质条件。

（2）所开采煤层的厚度、地层产状及采深、采厚比分析。

（3）开采时间、开采方式及顶板管理方式等。

（4）是否含有构造断层及其断裂影响带宽度等，分布特征（地层产状倾角较大的煤层，易出现抽冒型塌陷），宜单独圈出来。

（5）地表及建筑变形特征：塌坑、裂缝和建筑物变形情况的分布、特征。

（6）确定采空区覆岩类型与采空区跨落类型。

据文献[12]附录A，采空区覆岩类型与采空区跨落类型见表3-5。

表3-5 采密区覆岩类型与采空区跨落类型一览表

序号	覆岩类型	垮落类型	变形特征
1	覆岩全部为可垮落岩层，一般以软—中硬的砂页岩为主	"三带型"	覆岩破坏可分为垮落带、断裂带和弯曲带；当垮落带和断裂带不能达到地表时，则地表出现连续性变形；当垮落带和断裂带能达到地表时，则地表出现非连续性变形
2	煤层上面某一高度存在一定厚度的极坚硬岩层	拱冒型	在长臂垮落法开采的情况下，随着采空区的扩大，极坚硬岩层以下的岩层发生拱形垮落，垮落达到极坚硬岩层时形成悬顶。此时，围岩形成"自然拱"或无支撑"砌体拱""板拱"。近煤层的顶板岩层受到破坏，远离顶板的岩层不受破坏，地表只产生微小下沉
3	全部为极坚硬覆岩，当采用条带法或刀柱法开采时	弯曲型	当煤柱面积占 $30\% \sim 35\%$，且尺寸适当，分布均匀时，极坚硬岩层形成悬顶，覆岩不发生垮落破坏。地表变形值很小，最大值一般不超过煤层采高的 $5\% \sim 15\%$
4	全部为极坚硬覆岩	切冒型	当开采深度较小且煤柱面积小于 $30\% \sim 35\%$，极坚硬岩层不能形成悬顶，煤柱也不能形成稳定支座。地表突然陷落，裂缝直通采空区，形成"断陷"式盆地
5	全部覆岩为极软的极倾斜岩层或土层	抽冒型	当开采深度较小或接近冲积层开采时，覆岩变形不能形成悬顶，采空区内无垮落矸石支撑时，覆岩会发生"抽冒型"破坏

（7）场地不稳定地段的确定。

依据文献[12]第12.2.6条，下列地段宜划为不稳定地段：

①采空区垮落时，地表出现塌坑、台阶式开裂缝等非连续变形的地段；

②特厚煤层和倾角大于55°的厚煤层露头地段；

③由于地表移动和变形引起的边坡失稳、山崖崩塌及坡脚隆起地段；

④地表覆盖层中分布有粉土、粉砂地层，且地下水径流强烈地段；

⑤对非充分采动顶板垮落不充分、采深小于150 m，且存在大量抽取地下水的地段。

（8）结合采空区专项调查分析成果、地表变形调查成果及初步确定的不稳定地段进行初步的稳定性分区，并宜采用两种以上的物探方法进一步复核采空区分布及不稳定区的划分。

（9）结合场地采空区分布及建构筑物分布针对性布置钻探及井内物探、取样、漏浆漏水等综合工作，验证覆岩特征、"三带"特征、厚度及密实度等，结合采深、采厚比等评价采空区对工程的影响程度。

（10）在开始勘察工作时，即应布置相关变形监测工作，如沉降、位移及深层位移等监测工作，通过变形监测进一步验证稳定性分区的合理性及采空区各分区的稳定性。

（11）对大型工程或复杂采空区可进行数值模拟，对拟建工程及建设场地进行定性评价，模拟的计算参数应经过实际检验或者由当地的工程经验确定。该方法可作为其他有关评价方法的参考评价方法。但应注意该方法未经验证不能作为预测评价依据。

3.4.2　采空区场地稳定性评价

根据文献[12]采空区场地稳定性评价应根据采空区类型、开采方法及顶板管理方式、终采时间、地表移动变形特征、采深、顶板岩性及松散层厚度、煤（岩）柱稳定性等，宜采用定性与定量评价相结合的方法划分为稳定区、基本稳定区和不稳定区。当采用多种方法判别出现较大差异时，在详细勘察阶段，应通过地表移动变形观测结果结合钻探等工作进一步验证。

（1）按终采时间确定采空区场地稳定性等级（见表3-6）。

表3-6　按终采时间确定采空区场地稳定性等级

稳定等级	不稳定	基本稳定	稳定
采空区终采时间 $t(\mathrm{d})$	$t < 0.8T$ 或 $t \leqslant 365$	$0.8T \leqslant t \leqslant 1.2T$ 且 $t > 365$	$t > 1.2T$ 且 $t > 730$

注：T 为地表移动延续时间，无实测资料时按文献[12]附录 H.0.6 确定。

（2）按地表移动变形特征确定采空区稳定性等级（见表3-7）。

表3-7　按变形特征确定采空区场地稳定性等级

评价因素	稳定状态		
	不稳定	基本稳定	稳定
地表变形特征	非连续变形	连续变形	连续变形
	抽冒或切冒型	盆地边缘区	盆地中间区
	地面有塌陷坑、台阶	地面倾斜、有地裂缝	地面无地裂缝、台阶、塌陷坑

（3）按顶板岩性及松散层厚度确定采空区稳定性等级（见表3-8）。

表 3-8　按顶板岩性及松散层厚度确定浅层采空区场地稳定性等级

评价因素	稳定等级		
	不稳定	基本稳定	稳定
顶板岩性	无坚硬岩层分布,或为薄层,或软硬岩层互层状分布	有厚层状坚硬岩层分布且 15.0 m>层厚>5.0 m	有厚层状坚硬岩层分布且层厚≥15.0 m
松散层厚度 h(m)	$h<5$	$5≤h≤30$	$h>30$

(4)按地表移动变形值确定场地稳定性等级。

地表移动变形值确定场地稳定性等级标准,宜以地面下沉速度为主要指标,并应结合其他参数按表 3-9 综合判别。

表 3-9　按地表移动变形值确定场地稳定性等级

稳定状态	评价因子				备注
	下沉速度 v_w	剩余倾斜值 Δi(mm/m)	曲率 ΔK (×10^{-3}/m)	水平变形值 Δt(mm/m)	
稳定	<1.0 mm/d,且连续 6 个月累计下沉值<30 mm	<3	<0.2	<2	同时具备
基本稳定	<1.0 mm/d,但连续 6 个月累计下沉值≥30 mm	3~10	0.2~0.6	2~6	具备其一
不稳定	≥1.0 mm/d	>10	>0.6	>6	具备其一

(5)当根据上述判别标准判定采空区稳定性出现较大差异时,宜进一步布置相关工作,查明、综合分析后确定。

3.4.3　采空区对工程的影响程度评价

采空区对拟建工程的影响程度应根据评价方法和评判标准,在考虑主要因素的情况下根据本区经验做出综合评价。一般情况下,采空区场地稳定性、地面变形特征和变形量为主要因素,其他因素应根据采空区的特征及危害后果结合本区经验综合评价。

3.4.3.1　按照拟建工程的重要程度及变形要求划分影响程度

按照拟建工程的重要程度及变形要求结合场地稳定性分区来分析采空区对工程的影响程度,具体见表 3-10。

表 3-10   按场地稳定性及工程重要性等级定性分析采空区对工程影响程度

场地稳定性	拟建工程重要程度和变形要求		
	重要拟建工程、变形要求高	一般拟建工程、变形要求一般	次要拟建工程、变形要求低
	影响程度		
稳定	中等	中等—小	小
基本稳定	大—中等	中等	中等—小
不稳定	大	大—中等	中等

3.4.3.2   工程类比法分析采空区对工程的影响程度

采用工程类比法定性分析采空区对工程的影响程度见表 3-11。

表 3-11   采用工程类比法定性分析采空区对工程影响程度

影响程度	类比工程或场地的特征
大	地面、建(构)筑物开裂、塌陷,且处于发展、活跃阶段
中等	地面、建(构)筑物开裂、塌陷,但已经稳定 6 个月以上且不再发展
小	地面、建(构)筑物无开裂,或有开裂、塌陷,但已经稳定 2 年以上且不再发展;邻近同类型采空区场地有类似工程的成功经验

3.4.3.3   采空区特征及活化因素分析采空区对工程的影响程度

根据采空区特征及活化因素定性分析采空区对工程的影响程度见表 3-12。

表 3-12   根据采空区特征及活化因素定性分析采空区对工程的影响程度

影响程度	采空区特征			活化影响因素	备注
	采空区采深 $H(m)$	采空区的密实状态及充水状态	地表变形特征及发展趋势		
大	浅层采空区或 $H<50$ m 或 $H/M<30$	存在空洞,钻探过程中出现掉钻、孔口窜风	正在发生不连续变形,或现阶段相对稳定,但存在发生不连续变形的可能性大	活化的可能性大,影响强烈	具备其一
中等	中深层采空区或 50 m$\leq H\leq$200 m 或 $30\leq H/M\leq 60$	基本密实、钻探过程中采空区部位大量漏水	现阶段相对稳定,但存在发生不连续变形的可能	活化的可能性中等,影响一般	具备其一
小	深层采空区或 $H>200$ m 或 $H/M>60$	密实、钻探过程中不漏水、微量漏水但返水或间断返水	不再发生不连续变形	活化的可能性小,影响小	同时具备

3.4.3.4 采空区地表剩余变形值分析采空区对工程的影响程度

根据采空区地表剩余变形值确定采空区对工程的影响程度,见表3-13。

表3-13 根据采空区地表剩余变形值确定采空区对工程的影响程度

影响程度	地表剩余变形				备注
	下沉值 Δw (mm)	倾斜值 Δi (mm/m)	水平变形值 Δt (mm/m)	曲率值 ΔK ($\times 10^{-3}$/m)	
大	>200	>10	>6	>0.6	具备其一
中等	100~200	3~10	2~6	0.2~0.6	具备其一
小	<100	<3	<2	<0.2	同时具备

另外,有些实地调查研究成果值得注意与借鉴。根据文献[13],邓喀中教授对长壁采空区多年的调查与研究,对沉积盆地型采空区残余沉降的研究,得出如下分析结论:

(1)当煤层厚度为2~8 m,覆岩为硬岩层,在采深厚度为200~500 m时,其残余沉降系数为0.02~0.01。

(2)当煤层厚度为2~8 m,覆岩为中硬岩层,在采深厚度为200~500 m时,其残余沉降系数为0.03~0.01。

(3)当煤层厚度为2~8 m,覆岩为软岩层,在采深厚度为200~500 m时,其残余沉降系数为0.035~0.015。

3.4.4 拟建工程对采空区影响的稳定性评价

拟建工程对采空区的稳定性评价应根据建筑物荷载大小、荷载影响深度,采用荷载影响深度判别法、附加应力法及数值分析法进行评价(见表3-14)。

表3-14 根据荷载临界影响深度评价建设对采空区稳定性影响程度

评价因子	影响程度		
	大	中等	小
荷载临界影响深度 H_D 和采空区深度 H	$H<H_D$	$H_D \leqslant H \leqslant 1.5H_D$	$H>1.5H_D$
附加应力影响深度 H_a 和垮落断裂带深度 H_{lf}	$H_{lf}<H_a$	$H_a \leqslant H_{lf}<2.0H_a$	$H_{lf} \geqslant 2.0H_a$

注:1.采空区深度 H 指港道(采空区)等的埋藏深度,对于条带式开采和穿港开采指垮落拱顶的埋藏深度。

2.垮落断裂带深度 H_{lf} 指采空区垮落断裂带埋藏深度,H_{lf} = 采空区采深 H − 垮落带高度 H_m − 断裂带高度 H_{li},宜通过钻探及其岩芯描述并辅以测井资料确定;当无实测资料时,也可根据采厚、覆岩性质及岩层倾角等按文献[12]附录L计算确定。

3.4.4.1 覆岩垮落断裂带高度计算

煤层开采后,对垮落类型为"三带型"的采空区来说,上覆岩层结构中自下而上形成垮落带、断裂带、弯曲带的"三带"沉陷。在垮落带,岩层被断裂成块状,岩块间存在较大孔隙和裂缝;在断裂带,岩层产生断裂、离层、裂缝,岩体内部结构遭到破坏;在弯曲带,岩层基本上呈整体下沉,但软硬岩层间可形成暂时性离层,其岩体结构破坏轻微。因此,垮落带、断裂带的岩层虽经多年的压实,仍不可避免地存在一定的裂缝和离层,其抗拉、抗压、抗剪强度也明显低于原岩的强度。如果新建建筑物荷载传递到这两带,在附加荷载作用下会进一步引起沉降和变形,甚至造成建筑物的破坏。

垮落断裂带的发育高度,主要与开采煤层的厚度、倾角、开采尺寸、覆岩岩性、顶板管理方法等有关,参照文献[12]选取计算公式见表 3-15 及表 3-16。

表 3-15 厚煤层分层开采的垮落带最大高度(H_m)计算公式

饱和单轴抗压强度 f_r(MPa) 及主要岩石名称	计算公式(m)
$40 \leqslant f_r < 80$,石英砂岩、石灰岩、砂质页岩、砾岩	$H_m = \dfrac{100 \sum M}{2.1 \sum M + 16} \pm 2.5$
$20 \leqslant f_r < 40$,砂岩、泥质灰岩、砂质页岩、页岩	$H_m = \dfrac{100 \sum M}{4.7 \sum M + 19} \pm 2.2$
$10 \leqslant f_r < 20$,泥岩、泥质砂岩	$H_m = \dfrac{100 \sum M}{6.2 \sum M + 32} \pm 1.5$
$f_r < 10$,铝土岩、风化泥岩、黏土、含砂黏性土	$H_m = \dfrac{100 \sum M}{7.0 \sum M + 63} \pm 1.2$

注:$\sum M$ 为累计开采厚度;公式应用范围为单层开采厚度不超过 3 m,累计采厚不超过 15 m;计算公式中"±"号项为中误差。

表 3-16 厚煤层分层开采的断裂带最大高度(H_1)计算公式

饱和单轴抗压强度 f_r(MPa)	计算公式之一(m)	计算公式之二(m)
$40 \leqslant f_r < 80$	$H_{li} = \dfrac{100 \sum M}{1.2 \sum M + 2.0} \pm 8.9$	$H_{li} = 30\sqrt{\sum M} + 10$
$20 \leqslant f_r < 40$	$H_{li} = \dfrac{100 \sum M}{1.6 \sum M + 3.6} \pm 5.6$	$H_{li} = 20\sqrt{\sum M} + 10$
$10 \leqslant f_r < 20$	$H_{li} = \dfrac{100 \sum M}{3.1 \sum M + 5.0} \pm 4.0$	$H_{li} = 10\sqrt{\sum M} + 5$
$f_r < 10$	$H_{li} = \dfrac{100 \sum M}{5.0 \sum M + 8.0} \pm 3.0$	

3.4.4.2 建筑物荷载影响深度计算

建筑物的建造使地基土中原有的应力状态发生变化,从而引起地基变形,出现基础沉降。建筑物荷载的影响深度随建筑荷载的增加而增大。一般地,当地基中建筑荷载产生的附加应力等于相应深度处地基层的自重应力的20%时,即可认为附加应力对该深度处地基产生的影响可忽略不计,但当其下方有高压缩性土或别的不稳定性因素,如采空区垮落、断裂带时,则应计算附加应力直至地基自重应力10%位置处,方可认为附加应力对该深度处的地基不产生多大影响。该深度即为建筑物荷载影响深度(H_Y)如图3-3、图3-4所示。

地基中自重应力用下式计算:

$$\sigma_c = \gamma_1 h_1 + \gamma_2 h_2 + \cdots + \gamma_n h_n \tag{3-3}$$

式中:$\gamma_1, \gamma_2, \cdots, \gamma_n$ 为地基中自上而下各层土或岩石的容重,地下水位以下取浮容重,kN/m^3;$h_1, h_2, \cdots, h_n$ 为地基中自上而下各层土或岩石的厚度,m。

地基附加应力按下式计算:

$$\sigma_z = kP_0 \tag{3-4}$$

式中:k 为各种荷载(矩形、方形、条形荷载等)下的竖向附加应力系数;P_0 为作用于基础底面平均附加压力,kPa。

$$P_0 = P - r_0 d \tag{3-5}$$

式中:P 为建筑物基础底面处基底压力,kPa;r_0 为基础底面标高以上天然土层的容重,kN/m^3;d 为基础埋深,m。

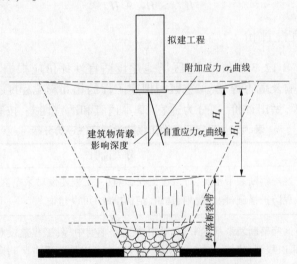

图 3-3　采空区附加应力分析法计算模型

假定整个建筑荷载作用在建筑平面大小的矩形基础上,按均布矩形荷载计算地基附加应力。式中竖向附加应力系数 k 可查表取值。地基附加应力随深度增加而减小,而地基中自重应力随深度增加而增大。计算地基附加应力相当于地基自重应力10%处深度,即为建筑荷载影响深度。需要说明的是,地基附加应力是从基础底面算起的,地基自重应力是从地面算起的。

煤层开采后,当采空区最小采深大于垮落断裂带高度 $H_m(H_k H_1)$ 与建筑荷载影响深度(H 影)两者之和时,采空区垮落断裂带不再因新加建筑荷载扰动而重新移动,即

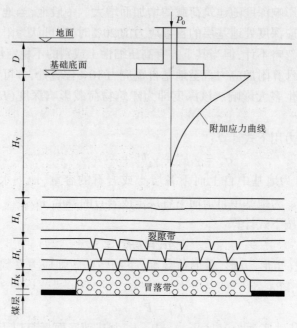

图 3-4 "三带"厚度与荷载影响深度示意图

$$H_{临} > H_{裂} + H_{影} \qquad (3\text{-}6)$$

3.4.5 场地适宜性评价

依据文献[12]第12.3.1条,采空区场地建设适宜性评价应根据场地稳定性和采空区对拟建工程的影响及危害程度、采空区与拟建工程的相互影响程度、采取技术措施的难易程度、工程造价等,做出评价,划分为适宜、基本适宜和适宜性差,按表3-17划分。

表 3-17 采空区场地工程建设适宜性评价分级

级别	分级说明
适宜	采空区垮落断裂带密实,对拟建工程影响小;工程建设对采空区稳定性影响小;采取一般工程防护措施(限于规划、建筑、结构措施)可以建设
基本适宜	采空区垮落断裂带基本密实,对拟建工程影响中等;工程建设对采空区稳定性影响中等;采取规划、建筑、结构、地基处理等措施可以控制采空区剩余变形对拟建工程的影响;或虽需进行采空区地基处理,但处理难度小,且造价低
适宜性差	采空区垮落不充分,存在地面发生非连续变形的可能,工程建设对采空区稳定性影响大或者采空区剩余变形对拟建工程的影响大,需规划、建筑、结构、采空区治理和地基处理等的综合设计,处理难度大且造价高

参考文献

[1] 顾宝和,高大钊,朱小林,等.岩土工程勘察规范:GB 50021—2012[S].北京:中国建筑工业出版社,2012.

[2] 郑生庆,郑颖人,黄强,等.建筑边坡工程技术规范:GB 50330—2013[S].北京:中国建筑工业出版社,2014.

[3] 李海光,等.新型支挡结构设计与工程实例[M].北京:人民交通出版社,2004.

[4] 雷用,刘兴远,吴曙光,等.建筑边坡工程手册[M].北京:中国建筑工业出版社,2018.

[5] 郑颖人,陈祖煜,王恭先,等.边坡与滑坡工程治理[M].北京:人民交通出版社,2010.

[6] 殷跃平,张作辰,张茂省,等.滑坡防治工程勘查规范:GB/T 32864—2016[S].北京:中国标准出版社,2016.

[7] 滕延京,黄熙龄,王曙光,等.建筑地基基础设计规范 GB 50007—2011[S].北京:中国建筑工业出版社,2012.

[8] 张洪生,张先茂,杨世忠,等.贵州建筑地基基础设计规范:DB 22-45—2004[S].北京:中国建筑工业出版社,2004.

[9] 张伟,张旷成,沈小克,等.高层建筑岩土工程勘察标准:JGJ/T 72—2017[S].北京:中国建筑工业出版社,2018.

[10] 韩建强,陈星,徐其功,等.广东省岩溶地区建筑地基基础技术规范:DBJ/T 15-136—2018[S].北京:中国建筑工业出版社,2018.

[11] 中华人民共和国行业标准编写组.建筑物、水体、铁路及主要井巷煤柱留设与压煤开采规程[S].北京:煤炭工业出版社,2017.

[12] 徐杨青,吴西臣,李凤奇,等.煤矿采空区岩土工程勘察规范:GB 51044—2014[S].北京:中国计划出版社,2018.

[13] 邓喀中,谭志祥,张宏贞.长壁采空区残余沉降计算方法研究[J].煤炭学报,2012,10.

4 地基基础工程的细部设计

结合具体工程的结构特点、荷载条件、地质及地下水、环境条件，并结合当地设计经验，对该场地首先进行地基基础的概念设计，确定适合具体场地特点和结构特点的地基与基础选型。在此基础上就需要对该地基与基础选型进行细部设计，该细部设计包括地基承载力设计和变形控制设计。

4.1 设计原则

4.1.1 地基基础设计等级的划分

根据文献[1]，地基基础设计等级应根据地基复杂程度、建筑物规模和功能特征，以及由于地基问题可能造成建筑物破坏或影响正常使用的程度分为三个设计等级，设计时应根据具体情况，按表4-1确定。

表 4-1　地基基础设计等级

设计等级	建筑和地基类型
甲级	重要的工业与民用建筑物 30层以上的高层建筑 体型复杂，层数相差超过10层的高低层连成一体建筑物 大面积的多层地下建筑物（如地下车库、商场、运动场等） 对地基变形有特殊要求的建筑物 复杂地质条件下的坡上建筑物（包括高边坡） 对原有工程影响较大的新建建筑物 场地和地基条件复杂的一般建筑物 位于复杂地质条件及软土地区的二层及二层以上地下室的基坑工程 开挖深度大于15 m的基坑工程 周围环境条件复杂、环境保护要求高的基坑工程
乙级	除甲级、丙级以外的工业与民用建筑物 除甲级、丙级以外的基坑工程
丙级	场地和地基条件简单、荷载分布均匀的七层及七层以下民用建筑及一般工业建筑；次要的轻型建筑物 非软土地区且场地质条件简单、基坑周边环境条件简单、环境保护要求不高且开挖深度小于5.0 m的基坑工程

4.1.1.1　可不做变形控制设计的建筑物范围

文献[1]对地基基础设计等级为丙级的可不做变形性控制设计的建筑物范围见表4-2。

表4-2　可不做地基变形验算的设计等级为丙级的建筑物范围

地基主要受力层情况	地基承载力特征值 f_{ak}(kPa)		$80 \leqslant f_{ak}$ <100	$100 \leqslant f_{ak}$ <130	$130 \leqslant f_{ak}$ <160	$160 \leqslant f_{ak}$ <200	$200 \leqslant f_{ak}$ <300
	各土层坡度(%)		≤5	≤10	≤10	≤10	≤10
建筑类型	砌体承重结构、框架结构(层数)		≤5	≤5	≤6	≤6	≤7
	单层排架结构(6 m柱距)	单跨 吊车额定起重量(t)	10~15	15~20	20~30	30~50	50~100
		单跨 厂房跨度(m)	≤18	≤24	≤30	≤30	≤30
		多跨 吊车额定起重量(t)	5~10	10~15	15~20	20~30	30~75
		多跨 厂房跨度(m)	≤18	≤24	≤30	≤30	≤30
	烟囱	高度(m)	≤40	≤50	≤75		≤100
	水塔	高度(m)	≤20	≤30	≤30		≤30
		容积(m³)	50~100	100~200	200~300	300~500	500~1 000

注:1. 地基主要受力层是指条形基础底面下深度为$3b$(b为基础底面宽度),独立基础下为$1.5b$,且厚度均不小于5 m的范围(二层以下一般的民用建筑除外)。

　2. 地基主要受力层中如有承载力特征值小于130 kPa的土层,表中砌体承重结构的设计,应符合《建筑地基基础设计规范》(GB 50007—2011)第七章的有关要求。

　3. 表中砌体承重结构和框架结构均指民用建筑,对于工业建筑可按厂房高度、荷载情况折合成与其相当的民用建筑层数。

　4. 表中吊车额定起重量、烟囱高度和水塔容积的数值是指最大值。

显然,对大部分建筑工程而言,一般均需要进行变形控制设计。

4.1.1.2　地基基础设计应符合下列规定:

根据建筑物地基基础设计等级及长期荷载作用下地基变形对上部结构的影响程度,地基基础设计应符合下列规定:

(1)所有建筑物的地基计算均应满足承载力计算的有关规定。

(2)设计等级为甲级、乙级的建筑物,均应按地基变形设计。

(3)表4-2所列范围内设计等级为丙级的建筑物可不做变形验算,如有下列情况之一时,仍应做变形验算:

①地基承载力特征值小于130 kPa,且体型复杂的建筑;

②在基础上及其附近有地面堆载或相邻基础荷载差异较大,可能引起地基产生过大的不均匀沉降时;

③软弱地基上的建筑物存在偏心荷载时;

④相邻建筑距离过近,可能发生倾斜时;

⑤地基内有厚度较大或厚薄不均的填土,其自重固结未完成时。

(4)对经常受水平荷载作用的高层建筑、高耸结构和挡土墙等,以及建造在斜坡上或边坡附近的建筑物和构筑物,尚应验算其稳定性。

(5)基坑工程应进行稳定性验算。

(6)建筑地下室或地下构筑物存在上浮问题时,尚应进行抗浮验算。

4.1.2　两类极限状态设计规定

文献[7]第3.1.1条提出了两类极限状态设计:

(1)承载能力极限状态:桩基达到最大承载能力、整体失稳或发生不适于继续承载的变形。

(2)正常使用极限状态:桩基达到建筑物正常使用所规定的变形限值或达到耐久性要求的某项限值。

4.2　天然地基的细部设计

天然地基是指不需人工加固、处理,就能够满足部分多层建筑荷载要求的地基。常见的天然地基包括独立基础、条形基础和筏板基础,对天然地基的细部设计包括浅基础的选型、持力层及软弱下卧层的承载力设计和地基变形控制设计。

4.2.1　天然地基的基础选型应考虑的因素

多年来的设计经验表明,浅基础只有三种类型,对天然地基基础选型应考虑以下因素:

(1)要了解上部结构特点、建筑用途及要求等,如基础埋深、荷载大小、基底压力、单柱荷载,有无地下室等。

(2)场地地质条件(如素填土、杂填土厚度、分布等,软硬土分布特征等)、地下水条件、特殊土分布特征。

(3)是否有不良地质条件和问题,如有,基础选型时应首先结合现场实际条件采用抗变形和稳定性较好的基础形式。

(4)优先考虑当地的设计经验。

(5)基础埋深要满足抗冻、抗倾覆及结构功能要求。

(6)当浅部地质条件较好时,依据荷载大小选型顺序为独立基础、条形基础、筏板基础。

(7)当浅部地质条件不好,土质较软时,依据荷载大小选型顺序为条形基础、十字交叉梁基础、筏板基础、外扩的筏板基础等。

(8)当浅部地质条件不好,土质较软且单柱荷载较大时不宜选用独立基础,宜选用加大基础埋深或者控制变形能力较好的条形基础、十字交叉梁基础或者筏板基础。

(9)逐步积累当地设计经验,汲取教训,不断丰富其内涵。

4.2.2 天然地基的承载力计算

据文献[1]第5.2节对天然地基的承载力计算包括基底压力的计算、持力层及软弱下卧层的计算。

4.2.2.1 基底压力与持力层承载力的比较计算

基底压力与持力层承载力的比较计算应符合下列规定：

（1）当轴心荷载作用时

$$p_k \leqslant f_a \tag{4-1}$$

式中：p_k 为相应于作用的标准组合时，基础底面处的平均压力值，kPa；f_a 为修正后的地基承载力特征值，kPa。

（2）当偏心荷载作用时，除符合式（4-1）要求外，尚应符合下式规定：

$$p_{kmax} \leqslant 1.2 f_a \tag{4-2}$$

式中：p_{kmax} 为相应于作用的标准组合时，基础底面边缘的最大压力值，kPa。

4.2.2.2 基底压力的计算

基底压力的计算，应按下列公式确定：

（1）当轴心荷载作用时

$$p_k = \frac{F_k + G_k}{A} \tag{4-3}$$

式中：F_k 为相应于作用的标准组合时，上部结构传至基础顶面的竖向力值，kN；G_k 为基础自重和基础上的土重，kN；A 为基础底面面积，m^2。

据机械工业部设计研究院文献[2]，在对住宅及高层建筑均布荷载取值方面又提出了如下建议，见表4-3。

表 4-3　多层与高层建筑均布荷载取值

结构类型	墙体材料	自重（kPa）/层
框架	轻质墙	8～12
	砖墙	10～14
框架–剪力墙	轻质墙	10～14
	砖墙	12～16
剪力墙	混凝土	14～18

（2）当偏心荷载作用时

$$p_{kmax} = \frac{F_k + G_k}{A} + \frac{M_k}{W} \tag{4-4}$$

$$p_{kmin} = \frac{F_k + G_k}{A} - \frac{M_k}{W} \tag{4-5}$$

式中：M_k 为相应于作用的标准组合时，作用于基础底面的力矩值，kN·m；W 为基础底面的抵抗矩，m^3；p_{kmin} 为相应于作用的标准组合时，基础底面边缘的最小压力值，kPa。

（3）当基础底面形状为矩形且偏心距 $e > b/6$（见图 4-1）时，p_{kmax} 应按下式计算：

$$p_{kmax} = \frac{2(F_k + G_k)}{3la} \quad\quad\quad (4\text{-}6)$$

式中:l 为垂直于力矩作用方向的基础底面边长,m;a 为合力作用点至基础底面最大压力边缘的距离,m;b 为力矩作用方向基础底面边长,m。

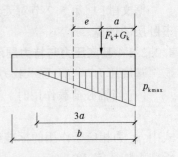

图 4-1 偏心荷载($e > b/6$) 下基底压力计算示意图

4.2.2.3 地基承载力特征值的确定

地基承载力特征值可由载荷试验或其他原位测试、公式计算,并结合工程实践经验等方法综合确定。

(1)当基础宽度大于 3 m 或埋置深度大于 0.5 m 时,从载荷试验或其他原位测试、经验值等方法确定的地基承载力特征值,尚应按下式修正:

$$f_a = f_{ak} + \eta_b \gamma (b - 3) + \eta_d \gamma_m (d - 0.5) \quad (4\text{-}7)$$

式中:f_a 为修正后的地基承载力特征值,kPa;f_{ak} 为地基承载力特征值,kPa;η_b、η_d 为基础宽度和埋置深度的地基承载力修正系数,按基底下土的类别查表 4-4 取值;γ 为基础底面以下土的重度,kN/m^3,地下水位以下取浮重度;b 为基础底面宽度,m,当基础底面宽度小于 3 m 时按 3 m 取值,大于 6 m 时按 6 m 取值;γ_m 为基础底面以上土的加权平均重度,kN/m^3,位于地下水位以下的土层取有效重度;d 为基础埋置深度,m,宜自室外地面标高算起。在填方整平地区,可自填土地面标高算起,但填土在上部结构施工后完成时,应从天然地面标高算起。对于地下室,当采用箱形基础或筏基时,基础埋置深度自室外地面标高算起;当采用独立基础或条形基础时,应从室内地面标高算起。

表 4-4 承载力修正系数

土的类别		η_b	η_d
淤泥和淤泥质土		0	1.0
人工填土,e 或 I_L 大于等于 0.85 的黏性土		0	1.0
红黏土	含水比 $a_w > 0.8$	0	1.2
	含水比 $a_w \leq 0.8$	0.15	1.4
大面积压实填土	压实系数大于 0.95、黏粒含量 $\rho_c \geq 10\%$ 的粉土	0	1.5
	最大干密度大于 2 100 kg/m^3 的级配砂石	0	2.0
粉土	黏粒含量 $\rho_c \geq 10\%$ 的粉土	0.3	1.5
	黏粒含量 $\rho_c < 10\%$ 的粉土	0.5	2.0
e 及 I_L 均小于 0.85 的黏性土		0.3	1.6
粉砂、细砂(不包括很湿与饱和时的稍密状态)		2.0	3.0
中砂、粗砂、砾砂和碎石土		3.0	4.4

注:1. 强风化和全风化的岩石,可参照所风化成的相应土类取值,其他状态下的岩石不修正。

2. 地基承载力特征值按《建筑地基基础设计规范》(GB 50007—2011)附录 D 深层平板载荷试验确定时,η_d 取 0。

3. 含水比是指土的天然含水率与液限的比值。

4. 大面积压实填土是指填土范围大于 2 倍基础宽度的填土。

（2）当偏心距 e 小于或等于 0.033 倍基础底面宽度时，根据土的抗剪强度指标确定地基承载力特征值可按下式计算，并应满足变形要求：

$$f_a = M_b \gamma b + M_d \gamma_m d + M_c c_k \tag{4-8}$$

式中：f_a 为由土的抗剪强度指标确定的地基承载力特征值，kPa；M_b、M_d、M_c 为承载力系数，按表 4-5 确定；b 为基础底面宽度，m，大于 6 m 时按 6 m 取值，对于砂土，小于 3 m 时按 3 m 取值；c_k 为基底下 1 倍短边宽度的深度范围内土的黏聚力标准值，kPa。

表 4-5　承载力系数 M_b、M_d、M_c

土的内摩擦角标准值 $\varphi_k(°)$	M_b	M_d	M_c
0	0	1.00	3.14
2	0.03	1.12	3.32
4	0.06	1.25	3.51
6	0.10	1.39	3.71
8	0.14	1.55	3.93
10	0.18	1.73	4.17
12	0.23	1.94	4.42
14	0.29	2.17	4.69
16	0.36	2.43	5.00
18	0.43	2.72	5.31
20	0.51	3.06	5.66
22	0.61	3.44	6.04
24	0.80	3.87	6.45
26	1.10	4.37	6.90
28	1.40	4.93	7.40
30	1.90	5.59	7.95
32	2.60	6.35	8.55
34	3.40	7.21	9.22
36	4.20	8.25	9.97
38	5.00	9.44	10.80
40	5.80	10.84	11.73

注：φ_k 为基底下 1 倍短边宽度的深度范围内土的内摩擦角标准值（°）。

4.2.2.4　地基受力层范围内有软弱下卧层时的计算

当地基受力层范围内有软弱下卧层时，应符合下列规定：

（1）验算软弱下卧层的地基承载力：

$$p_z + p_{cz} \leqslant f_{az} \tag{4-9}$$

式中：p_z 为相应于作用的标准组合时，软弱下卧层顶面处的附加压力值，kPa；p_{cz} 为软弱下卧层顶面处土的自重压力值，kPa；f_{az} 为软弱下卧层顶面处经深度修正后的地基承载力特征值，kPa。

（2）对条形基础和矩形基础，式（4-9）中的 p_z 值可按下列公式简化计算：

条形基础

$$p_z = \frac{b(p_k - p_c)}{b + 2z\tan\theta} \qquad (4-10)$$

矩形基础

$$p_z = \frac{lb(p_k - p_c)}{(b + 2z\tan\theta)(l + 2z\tan\theta)} \qquad (4-11)$$

式中：b 为矩形基础或条形基础底边的宽度，m；l 为矩形基础底边的长度，m；p_c 为基础底面处土的自重压力值，kPa；z 为基础底面至软弱下卧层顶面的距离，m；θ 为地基压力扩散线与垂直线的夹角，(°)，可按表 4-6 采用。

表 4-6　地基压力扩散角 θ

E_{s1}/E_{s2}	z/b	
	0.25	0.50
3	6°	23°
5	10°	25°
10	20°	30°

注：1. E_{s1} 为上层土压缩模量，E_{s2} 为下层土压缩模量。

2. $z/b<0.25$ 时取 $\theta=0°$，必要时，宜由试验确定；$z/b>0.50$ 时 θ 值不变。

3. z/b 在 0.25 与 0.50 之间可插值使用。

4.2.3　天然地基的变形计算

4.2.3.1　天然地基变形计算要求

天然地基的变形计算应符合以下规定：

（1）建筑物的地基变形计算值，不应大于地基变形允许值。

（2）地基变形特征可分为沉降量、沉降差、倾斜、局部倾斜。

（3）在计算地基变形时，应符合下列规定：

①建筑地基不均匀、荷载差异很大、体型复杂等因素引起的地基变形，对于砌体承重结构，应由局部倾斜值控制；对于框架结构和单层排架结构，应由相邻柱基的沉降差控制；对于多层或高层建筑和高耸结构，应由倾斜值控制；必要时，尚应控制平均沉降量。

②在必要情况下，需要分别预估建筑物在施工期间和使用期间的地基变形值，以便预留建筑物有关部分之间的净空，选择连接方法和施工顺序。

4.2.3.2　建筑物的地基变形允许值标准

建筑物的地基变形允许值应按表 4-7 的规定采用。对表中未包括的建筑物，其地基变形允许值应根据上部结构对地基变形的适应能力和使用上的要求确定。

表 4-7 建筑物的地基变形允许值

变形特征		地基土类别	
		中、低压缩性土	高压缩性土
砌体承重结构基础的局部倾斜		0.002	0.003
工业与民用建筑相邻柱基的沉降差	框架结构	0.002l	0.003l
	砌体墙填充的边排柱	0.000 7l	0.001l
	当基础不均匀沉降时不产生附加应力的结构	0.005l	0.005l
单层排架结构(柱距为 6 m)柱基的沉降量(mm)		(120)	200
桥式吊车轨面的倾斜(按不调整轨道考虑)	纵向	0.004	
	横向	0.003	
多层和高层建筑的整体倾斜	$H_g \leqslant 24$	0.004	
	$24 < H_g \leqslant 60$	0.003	
	$60 < H_g \leqslant 100$	0.002 5	
	$H_g > 100$	0.002	
体型简单的高层建筑基础的平均沉降量(mm)		200	
高耸结构基础的倾斜	$H_g \leqslant 20$	0.008	
	$20 < H_g \leqslant 50$	0.006	
	$50 < H_g \leqslant 100$	0.005	
	$100 < H_g \leqslant 150$	0.004	
	$150 < H_g \leqslant 200$	0.003	
	$200 < H_g \leqslant 250$	0.002	
高耸结构基础的沉降量(mm)	$H_g \leqslant 100$	400	
	$100 < H_g \leqslant 200$	300	
	$200 < H_g \leqslant 250$	200	

注:1. 本表数值为建筑物地基实际最终变形允许值。

2. 有括号者仅适用于中压缩性土。

3. l 为相邻柱基的中心距离(mm),H_g 为自室外地面起算的建筑物高度(m)。

4. 倾斜指基础倾斜方向两端点的沉降差与其距离的比值。

5. 局部倾斜指砌体承重结构沿纵向 6~10 m 内基础两点的沉降差与其距离的比值。

4.2.3.3 最终变形量计算

(1)计算地基变形时,地基内的应力分布可采用各向同性均质线性变形体理论。其最终变形量可按下式进行计算:

$$s = \psi_s s' = \psi_s \sum_{i=1}^{n} \frac{p_0}{E_{si}} (z_i \overline{\alpha}_i - z_{i-1} \overline{\alpha}_{i-1}) \tag{4-12}$$

式中:s 为地基最终变形量,mm;s' 为按分层总和法计算出的地基变形量,mm;ψ_s 为沉降计算经验系数,根据地区沉降观测资料及经验确定,无地区经验时可根据变形计算深度范围内压缩模量的当量值,基底附加压力按表4-8取值;n 为地基变形计算深度范围内所划分的土层数(见图4-2);p_0 为相应于作用的准永久组合时基础底面处的附加压力,kPa;E_{si} 为基础底面下第 i 层土的压缩模量,MPa,应取土的自重压力至土的自重压力与附加压力之和的压力段计算;z_i、z_{i-1} 为基础底面至第 i 层土、第 $i-1$ 层土底面的距离,m;$\overline{\alpha}_i$、$\overline{\alpha}_{i-1}$ 为基础底面计算点至第 i 层土、第 $i-1$ 层土底面范围内平均附加应力系数,可按《建筑地基基础设计规范》(GB 50007—2011)附录 K 采用。

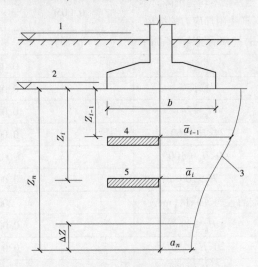

1—天然地面标高;2—基底标高;3—平均附加应力系数曲线;4—$i-1$层;5—i层

图 4-2　基础沉降计算的分层示意图

表 4-8　沉降计算经验系数 ψ_s

基底附加压力	$\overline{E}_s$（MPa）				
	2.5	4.0	7.0	15.0	20.0
$p_0 \geqslant f_{ak}$	1.4	1.3	1.0	0.4	0.2
$p_0 \leqslant 0.75 f_{ak}$	1.1	1.0	0.7	0.4	0.2

变形计算深度范围内压缩模量的当量值($\overline{E}_s$),应按下式计算:

$$\overline{E}_s = \frac{\sum A_i}{\sum \dfrac{A_i}{E_{si}}} \tag{4-13}$$

式中:A_i 为第 i 层土附加应力系数沿土层厚度的积分值。

（2）地基变形计算深度 z_n（见图4-2）,应符合式(4-14)的规定。当计算深度下部仍有较软土层时,应继续计算。

$$\Delta s'_n \leqslant 0.025 \sum_{i=1}^{n} \Delta s'_i \tag{4-14}$$

式中：$\Delta s_i'$为在计算深度范围内,第i层土的计算变形值,mm；$\Delta s_n'$为在由计算深度向上取厚度为Δz的土层计算变形值,mm,Δz见图4-2并按表4-9确定。

表4-9　Δz的取值

b(m)	≤2	2<b≤4	4<b≤8	b>8
Δz(m)	0.3	0.6	0.8	1.0

（3）当无相邻荷载影响,基础宽度在1~30 m时,基础中点的地基变形计算深度也可按简化公式(4-15)进行计算。在计算深度范围内存在基岩时,z_n取至基岩表面；当存在较厚的坚硬黏性土层,孔隙比小于0.5、压缩模量大于50 MPa,或存在较厚的密实砂卵石层,其压缩模量大于80 MPa时,z_n可取至该层土表面。

$$z_n = b(2.5 - 0.4\ln b) \tag{4-15}$$

式中：b为基础宽度,m。

（4）当存在相邻荷载时,应计算相邻荷载引起的地基变形,其值可按应力叠加原理,采用角点法计算。

4.3　复合地基的细部设计

4.3.1　概述

4.3.1.1　复合地基的基本特点

复合地基是指天然地基在地基处理过程中,部分土体被增强或被置换,形成由地基土和竖向增强体共同承担荷载的人工地基。地基处理的目的是采取各种地基处理方法以改善地基土的工程性质,使其满足工程建设的需要。

复合地基中桩体与基础不是直接相连的,它们之间通过垫层（碎石或砂石垫层）来过渡（而桩基中桩体与基础直接相连,两者形成一个整体）。增强体顶部应设褥垫层,褥垫层可采用中砂、粗砂、砾砂、碎石、卵石等散体材料,碎石、卵石宜掺入20%~30%的砂。桩体与桩间土是否直接同时承担荷载是形成复合地基的必要条件,也是复合地基的本质。

4.3.1.2　复合地基在我国的发展

复合地基在我国的不同发展阶段见图4-3。

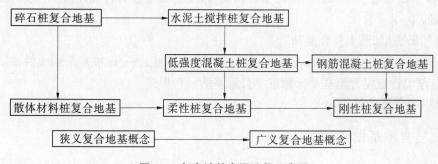

图4-3　复合地基发展阶段示意图

4.3.2 复合地基的分类

根据地基中增强体的方向和性质,可将复合地基做如下分类:竖向增强体复合地基和水平向增强复合地基。就竖向增强体而言,根据桩体材料性质和荷载传递机制,复合地基可分为散体材料桩复合地基、柔性桩复合地基和刚性桩复合地基三类。

4.3.2.1 按增强体的方向分类

(1)竖向增强体复合地基:通常称为桩体复合地基。

(2)横向增强体复合地基:包括土工合成材料、金属材料格栅等形成的复合地基。

4.3.2.2 按成桩材料分类

(1)散体材料桩——如碎石桩、砂桩等。

(2)水泥土类桩——如水泥土搅拌桩、灰土桩、夯实水泥土桩、高压旋喷桩等。

(3)混凝土类桩——如 CFG 桩、钢筋混凝土桩、预应力方桩、预应力管桩、钢管桩等。

4.3.2.3 按成桩后桩体的强度(或刚度)分类

(1)柔性桩——散体材料类桩。

(2)半刚性桩——水泥土类桩。

(3)刚性桩——混凝土类与钢筋混凝土桩、钢管桩等。

$$
\text{复合地基}
\begin{cases}
\text{竖向增强体复合地基}
\begin{cases}
\text{散体桩} \\
\text{柔性桩} \\
\text{刚性桩}
\end{cases} \\[2ex]
\text{水平增强体复合地基}
\begin{cases}
\text{换填垫层} \\
\text{加密层复合地基} \\
\text{加筋层复合地基}
\end{cases}
\end{cases}
$$

4.3.2.4 其他分类

(1)换填换土处理:换填垫层法(换土、换碎石)、强夯法。

(2)置换与挤密:如强夯置换法(强夯置换墩复合地基)、挤密砂石桩复合地基(振动、水冲法)、置换砂石桩复合地基。

(3)预压与强夯:如排水固结法、强夯法。

(4)加固与补强:包括桩体加固(或者叫桩式复合地基)和化学加固类,其中的桩体加固包括土桩、灰土桩、石灰桩、水泥土桩(湿法:深层搅拌法,干法:粉喷搅拌法)、夯实水泥土桩法、高压旋喷桩、注浆加固、水泥粉煤灰碎石桩法、微型桩加固、钢筋混凝土桩加固、钢管桩加固等。

(5)加筋法(加筋土复合地基)。

(6)长短桩复合地基:长桩常采用刚性桩或钢筋混凝土桩,短桩常采用柔性桩或散体材料桩。刚柔性桩复合地基是长短桩复合地基的一种形式。

(7)桩网复合地基。

4.3.3 复合地基设计原则

据文献[3]、[4],复合地基设计应满足建筑物稳定性和地基承载力、变形的要求。当地基土为欠固结土、膨胀土、湿陷性黄土、可液化土等特殊性土时,设计采用的增强体和施工工艺应满足处理后地基土和增强体共同承担荷载的技术要求。

(1)复合地基设计中应根据各类复合地基的荷载传递特性,保证复合地基中桩体和桩间土(基体)在荷载作用下能够共同承担荷载。复合地基中桩体采用刚性桩时应选用摩擦型桩。

(2)对位于坡地、岸边、回填后的冲沟地段的建筑,当采用复合地基时,应分析所在建筑地段边坡的稳定性。当不满足要求时,应对所在的边坡进行加固后才能进行复合地基的设计。

(3)复合地基设计应进行承载力设计计算,包括基体(桩间土)承载力、桩体强度(加固体强度)。

(4)复合地基设计应进行沉降计算。沉降包括加固区和桩端下的压缩层,它是由基体和增强体两部分组成,是非均质和各向异性的。

(5)复合地基上宜设置垫层。根据不同需要设置砂石垫层、加筋碎石垫层、灰土垫层等。

4.3.4　常见的复合地基处理方法

4.3.4.1　常见的复合地基处理形式

我国幅员辽阔,地形地貌复杂,每个地区因地质条件及不良地质发育特点各有不同,再加上上部建筑结构也各有差异,表现在复合地基选型上也各有特点,千姿百态。这里以文献[2]~[4]为基本参考并结合多年来在河南平原区与湿陷性黄土地区的实践经验进行了总结,在该地区常见的复合地基形式见表4-10。

表4-10　高层建筑常见地基处理形式

序号	名称	适用地层与建筑情况
1	换填垫层法	换填垫层后承载力一般不超过200~250 kPa,处理深度一般在3 m内比较经济,适用于湿陷性黄土、土岩组合地基、表层杂填土地段、异常土地段等
2	碎石桩	与原地基复合后提高承载力幅度较小,提高幅度与原地基承载力比较小于20%~30%,桩长一般较短;多适用于荷载较小的多层建筑;多用于处理液化地基,但当地下水位较高时存在大量排水现象,场地泥泞,不利于后期工程施工
3	土桩与灰土桩类	单桩承载力较小,桩体强度较小,与原地基复合后提高承载力幅度不大,复合地基承载力对土桩一般不超过180 kPa,灰土桩类一般不超过250 kPa,多用于处理在湿陷性黄土地区的多层建筑和部分小高层建筑
4	夯实水泥土桩类	桩体强度多在1~5 MPa,复合地基承载力特征值可取300 kPa,多用于处理在湿陷性黄土地区及丘陵地带的多层建筑和部分小高层建筑

序号	名称	适用地层与建筑情况
5	水泥土搅拌桩	分干法和湿法,适用于多层建筑和部分小高层建筑或者基底压力不超过 150~180 kPa 的建筑,桩体强度较小,单桩承载力特征值在 100 kN 左右,要求桩端有较好持力层
6	高压旋喷桩	适用于 28~30 层及以下的高层、小高层建筑,单桩承载力强度一般,单桩承载力及桩体强度因周围土质而异,特征值为 110~450 kN,要求桩端有较好持力层
7	CFG 桩	适用于处理小高层到高层的建筑,单桩承载力强度较高,特征值为 600~800 kN(因桩径、桩长而异),要求桩端有较好持力层;适用于大量高层建筑
8	管桩复合地基	适用于处理小高层到高层的建筑,单桩承载力强度高,特征值为 600~1 200 kN(因桩径、桩长而异),要求桩端有较好持力层;适用于大量高层建筑
9	多桩型地基处理	如短桩处理液化、湿陷及承载力问题,长桩控制过大变形问题;要求长桩桩端有较好持力层;如在软土地区常见的碎石桩与 CFG 结合、湿陷性黄土地区常用的灰土桩与管桩、灰土桩与 CFG 结合等。长桩的单桩承载力强度高,适用于大量高层建筑
10	其他钢筋混凝土桩类复合地基	当钢筋混凝土桩与桩间土组合且上部有褥垫层共同承担上部建筑结构荷载作用时,就形成钢筋混凝土桩类复合地基,单桩承载力强度高,适用于大量高层建筑

4.3.4.2 各类处理方法的适用性与局限性

以上复合地基处理方法均有其适用范围,各有优点与局限性。选择地基处理方法应综合考虑地基条件、加固要求、工程进度、工程造价、材料及机具、环境保护等各方面因素。

在选择处理方法时需要综合考虑以下各种影响因素:

(1)上部结构特点及荷载要求:建筑物的体型、刚度、结构受力体系及荷载大小或者基底压力大小、基础类型及埋深,建筑材料和使用要求等。

(2)地质条件和地下水条件:地基土及桩端土承载力大小、合适的持力层埋置深度条件等。

(3)周围环境条件、施工技术条件或者及其他限制条件:如当地材料来源限制、有无施工空间、对地下水的污染限制等。

(4)当地的勘察设计经验。

(5)施工工期要求、施工队伍技术素质。

(6)设备性能及设备状况的限制:如设备超重、加固深度限制、振动等。

(7)工程造价及经济性要求等。

(8)其他政策性限制:如噪声限制、环保扬尘要求等。

4.3.5　复合地基的细部设计

复合地基的细部设计包括内容较多,可分为散体桩类复合地基的细部设计和中等强度及以上的竖向增强体复合地基。对中等强度及以上的竖向增强体复合地基而言,其细部设计一般包括:

(1)桩端持力层的选择,有无软弱下卧层。

(2)提供有关复合地基设计参数,最好在收集类似建筑场地的试桩、测桩及沉降资料并进行综合分析后提交。

(3)单桩承载力估算。

(4)复合地基承载力估算,复合地基承载力应通过复合地基静载荷试验或采用增强体静载荷试验结果和其周边土的承载力特征值结合经验确定。

(5)桩体强度计算。

(6)变形控制设计,如沉降或变形估算。

(7)工法选择及施工可行性、离散型分析,施工参数确定。

(8)试桩的必要性、过程控制及检验。

(9)单桩和复合地基的检测。

(10)可能出现的有关环境岩土问题预测及应对措施。

4.3.6　复合地基的承载力设计

4.3.6.1　**散体材料增强体复合地基承载力设计**

对散体材料增强体复合地基应按下式计算:

$$f_{spk} = [1 + m(n-1)]f_{sk} \tag{4-16}$$

式中:f_{spk} 为复合地基承载力特征值,kPa;f_{sk} 为处理后桩间土承载力特征值,kPa,可按地区经验确定,无试验资料时,除灵敏度较高的土外可取天然地基承载力特征值;n 为复合地基桩土应力比,可按地区经验确定;m 为面积置换率,$m = d^2/d_e^2$,为桩身平均直径(m);d_e 为一根桩分担的处理地基面积的等效圆直径(m),等边三角形布桩 $d_e = 1.05s$,正方形布桩 $d_e = 1.13s$,矩形布桩 $d_e = 1.13\sqrt{s_1 s_2}$,s、s_1、s_2 分别为桩间距、纵向桩间距和横向桩间距。

4.3.6.2　**有黏结强度增强体复合地基承载力设计**

(1)对有黏结强度增强体复合地基应按下式计算:

$$f_{spk} = \lambda m \frac{R_a}{A_p} + \beta(1-m)f_{sk} \tag{4-17}$$

式中:λ 为单桩承载力发挥系数,可按地区经验取值;m 为面积置换率;R_a 为单桩竖向承载力特征值,kN;A_p 为桩的截面积,m^2;β 为桩间土承载力发挥系数,可按地区经验取值。

(2)增强体单桩竖向承载力特征值可按式(3-21)估算:

$$R_a = u_p \sum_{i=1}^{n} q_{si} l_{pi} + \alpha_p q_p A_p \tag{4-18}$$

式中:u_p 为桩的周长,m;q_{si} 为桩周第 i 层土的侧阻力特征值,kPa,可按地区经验确定;l_{pi} 为桩长范围内第 i 层土的厚度,m;α_p 为桩端端阻力发挥系数,应按地区经验确定;q_p 为桩端端阻力特征值,kPa,可按地区经验确定,对于水泥搅拌桩、旋喷桩应取未经修正的桩端地基土承载力特征值。

(3)有黏结强度复合地基增强体桩身强度应满足式(4-19)的要求。当复合地基承载力进行基础埋深的深度修正时,增强体桩身强度还应满足式(4-20)的要求。

$$f_{cu} \geqslant 4 \frac{\lambda R_a}{A_p} \tag{4-19}$$

$$f_{cu} \geqslant 4 \frac{\lambda R_a}{A_p} \left[1 + \frac{\gamma_m (d - 0.5)}{f_{spa}} \right] \tag{4-20}$$

式中:f_{cu} 为桩体试块(边长 150 mm 立方体)标准养护 28 d 的立方体抗压强度平均值,kPa;γ_m 为基础底面以上土的加权平均重度,kN/m³,地下水位以下取浮重度;d 为基础埋置深度,m;f_{spa} 为深度修正后的复合地基承载力特征值,kPa。

4.3.7 褥垫层的设计

为充分发挥桩间土承载力,垫层厚度不宜太薄,也不宜太厚,太厚则不利于提高刚性桩承载力的发挥。大量工程实践也多取 100~300 mm。对长短桩复合地基应选择砂石垫层,垫层厚度宜取对复合地基承载力贡献较大桩直径的 1/2;对刚性桩与柔性桩组合的复合地基,垫层厚度宜取刚性桩直径的 1/2;对柔性长短桩复合地基及长桩采用微型桩的复合地基,垫层厚度宜取 100~200 mm;对未完全消除湿陷性的黄土及膨胀土,宜采用灰土垫层,其厚度宜为 300~500 mm。

4.3.8 复合地基的变形控制设计

据文献[2]复合地基变形计算三项内容,包括褥垫层的变形、复合增强体的变形(复合土层的变形)、桩端下土层压缩深度内的变形,其中褥垫层的变形约数毫米,可忽略不计。

(1)复合增强体的变形计算。

复合土层的分层与天然地基相同,复合土层的压缩模量可按下式计算:

$$E_{sp} = \zeta \cdot E_s \tag{4-21}$$

$$\zeta = \frac{f_{spk}}{f_{ak}} \tag{4-22}$$

式中:E_{sp} 为复合土层的压缩模量,MPa;E_s 为天然地基的压缩模量,MPa;f_{spk} 为复合地基承载力特征值,kPa;f_{ak} 为基础底面下天然地基承载力特征值,kPa;ζ 为复合土层的压缩模量提高系数。

复合地基的沉降计算经验系数 ψ_s 可根据地区沉降观测资料统计值确定,无经验取值时,可采用表 4-11 的数值。

表 4-11　沉降计算经验系数 ψ_s

$\overline{E}_s(\mathrm{MPa})$	4.0	7.0	15.0	20.0	30.0
ψ_s	1.0	0.7	0.4	0.25	0.2

$\overline{E}_s$ 为变形计算深度范围内压缩模量的当量值,应按下式计算:

$$\overline{E}_s = \frac{\displaystyle\sum_{i=1}^{n} A_i + \sum_{j=1}^{m} A_j}{\displaystyle\sum_{i=1}^{n} \frac{A_i}{E_{spi}} + \sum_{j=1}^{m} \frac{A_j}{E_{sj}}} \qquad (4\text{-}23)$$

式中:A_i 为加固土层第 i 层土附加应力系数沿土层厚度的积分值;A_j 为加固土层下第 j 层土附加应力系数沿土层厚度的积分值。

(2)复合地基的最终变形量

可按式(4-24)计算:

$$s = \psi_s s' \qquad (4\text{-}24)$$

式中:s 为复合地基最终变形量,mm;s' 为复合地基计算变形量,mm。

4.3.9　长短桩复合地基的设计

4.3.9.1　概念与含义

长短桩复合地基也即多桩型复合地基,是指采用两种及两种以上不同材料增强体,或采用同一材料、不同长度增强体加固形成的复合地基。当场地有特殊土时,往往采用一种桩型消除特殊土的地质问题,再采用另一种桩型提高承载力或者控制沉降变形,二者有效组合以满足上部结构要求。

4.3.9.2　分类

据文献[5],邓亚光等提出,用"S"表示柔性的砂石桩,用"M"表示半刚性的水泥土搅拌桩,用"C"表示刚性的劲芯混凝土桩,由柔性砂石桩(S)、半刚性的水泥土桩(M)和刚性的混凝土劲芯(C)以上三种桩型可因实际需要,在不同组合条件下可构成多种组合方式的复合地基,分为砂石水泥土搅拌复合桩(SM 复合桩)、劲芯水泥土复合桩(MC 复合桩)、劲芯砂石复合桩(SC 复合桩)和 SMC 复合桩。

其中的 S 桩,由柔性的砂石桩散粒体组成,如可由碎石、砂、卵石、砖瓦碎块、钢渣、矿渣、煤矸石碎块、混凝土碎块等建筑垃圾组成,当土质较软时可增大散粒体的粒径。通常可采用锤击沉管、振动沉管、螺旋成孔、振动水冲等方法成桩,它对软土起振密、挤密、置换作用并可加速软土固结排水。由于桩身是散粒体,在上部荷载作用下其桩身的承载力主要由桩周软土的侧向约束提供,且荷载传递深度仅为桩径的 2~3 倍,易产生鼓胀破坏,因而单桩承载力较低。

其中的 M 桩,表示半刚性的水泥土搅拌桩:可采用粉喷、湿喷、高压旋喷、注浆形成水泥土类桩体。材料可为水泥、粉煤灰、石灰、炉渣、化学浆液或混合料。其特点是桩体具有一定的胶结强度,体积较大、造价较低,但桩身强度受土质影响较大,且桩身均匀性较差,在上部荷载使用下,荷载传递深度一般为桩径的 5~7 倍。一般地基加固后承载力的提高幅度为原地基的 30%~60%。

其中的 C 桩,表示刚性的劲芯混凝土桩:可采用钻孔灌注、振动沉管、锤击沉管、夯击成孔、螺旋钻孔、静压或两种以上方法组合成桩。一般指高黏结度、高强度的混凝土类桩,可为预制的方桩、管桩,也可为现浇的钢筋混凝土桩、CFG 桩、素混凝土桩、钢桩等。其特点是桩身强度较高,荷载传递深度较大,可适用于承载力要求较高、沉降量要求较严的工程,但造价高、工期长、设备投资高,且对场地要求高,有时还有挤土、振动、泥浆排污、噪声等环境问题,且在软土地基加固工程中,由于桩身材料强度较高而桩身体积相对较小,软土提供的侧摩阻力和端桩阻力较小,在桩身材料强度未充分发挥时由于桩身沉降量较大而达到极限状态,会造成桩身材料的强度浪费。

1. 砂石水泥土搅拌复合桩(SM 复合桩)

一般先施工大直径的砂石桩(S 桩),施工完毕后再在部分砂石桩中心施工半刚性的水泥土搅拌桩(M 桩),从而形成 SM 复合桩(见图 4-4),也可与未被复合的砂石桩形成复合地基。根据加固目的,充分考虑两类桩的材料、成分、粒径、桩径、桩长、成桩方式、相对位置及在地基土中的位置及土质、成桩效果等因素,以确保 SM 桩达到理想的设计效果。

水泥土砂石复合桩(SM)利用柔性砂石桩对软弱部位先行加固,经排水固结、挤密、振密作用,再在部分砂石桩中心施打粉喷桩,全程复搅使周围砂石桩在大量高压气体和粉喷桩桩机反转压密的双重作用下,排出大量水分和气体,同时软土会被劈裂,与水泥、砂、石、土体搅拌均匀并被强制压密,较好地改善了桩间土的软弱状态。

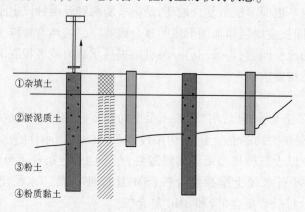

图 4-4　SM 复合桩示意图

2. 劲芯水泥土复合桩(MC 桩)

如在已经施工好的未硬凝前的半刚性的水泥土搅拌桩(M 桩)中心施打混凝土桩(C 桩),即可形成劲芯水泥土类复合桩,该复合桩由水泥搅拌桩或水泥土砂石复合桩加劲芯两部分构成(见图 4-5)。它既可作为刚性单桩,也可作为刚性桩复合地基中的竖向增强体与未被复合的 M 桩形成长短桩复合地基,如果 C 桩为钢管、钢筋等筋材,则该复合桩就具有抗剪、抗弯和抗拔作用。一般搅拌桩径为 500~700 mm(如用湿喷,桩径可高达 900 mm 以上),一般水泥掺入量为 12%~15%,桩顶上部可提高 3%~5% 掺灰,并复搅。劲芯桩径可为 220~280 mm,C20~C30 可为素混凝土或 CFG 桩,也可加入钢筋笼,插钢筋或钢管形成钢筋混凝土劲芯。如将预制小方桩压入湿喷桩中形成劲芯水泥土桩,单桩承载力可达 2 000 kN 以上。

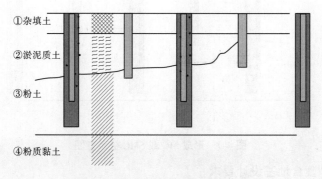

图 4-5　MC 或 SMC 复合桩示意图

3. 劲芯砂石复合桩(SC)

先在软基中施打振动沉管砂石桩,再在砂石桩中心施打劲芯桩(素混凝土、钢筋混凝土劲芯或 CFG 桩),即形成劲芯砂石复合桩(见图 4-6)。该复合桩由砂石构成外芯,一般先打 φ280 mm 的砂石桩(土层特别软弱时可复打),再在其中心施打 C20～C30 素混凝土或 CFG 桩,也可加入钢筋笼、插筋或钢管形成钢筋混凝土劲芯。

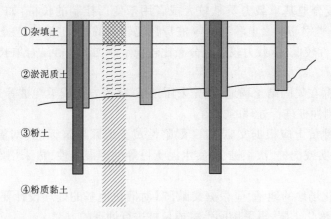

图 4-6　形成 SC 复合桩示意图

4. SMC 桩

在已经施工好的 SM 桩中在水泥土桩未硬凝时打入或压入 C 桩,即形成 SMC 复合桩。它可作刚性单桩使用,也可与未被复合的 S 桩、SM 桩形成长短桩复合地基(见图 4-7)。

以上四种复合桩中的劲芯水泥土复合桩(MC 复合桩)即所谓的水泥土复合管桩,将在本书第 5 章进行说明。

4.3.9.3　适用范围

适用于处理存在浅层欠固结土、湿陷性土、可液化土等特殊土,以及地基承载力和变形要求较高的地基。

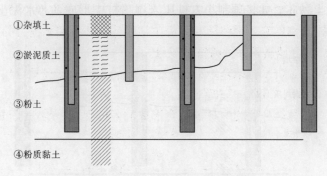

①杂填土

②淤泥质土

③粉土

④粉质黏土

图 4-7   形成 MC 或 SMC 桩示意图

4.3.9.4   多桩型复合地基设计要求

(1)应充分考虑场地地质和地下水条件、特殊土特征、环境要求及上部结构特点及荷载要求、变形要求,因地制宜选择合适的长短桩复合地基类型及施工工艺要求,进行相应的复合地基设计。

(2)在长短桩复合地基设计中,短桩的选用与上部浅层土的土性有关,一般处理场地特殊土问题或欠固结土层,多采用柔性桩或散体材料桩,常见的如采用碎石桩消除场地液化问题、水泥土搅拌桩提高桩间土的侧摩阻力或提高桩间土的侧限能力、灰土桩消除场地湿陷问题等;对复合地基承载力贡献较大或者用于变形控制的长桩,如 CFG 桩、预制桩(方桩、管桩)、各类钢筋混凝土灌注桩等桩身强度较高的桩,桩端应选择较好的持力层,该持力层应压缩性较低、承载力较高且分布比较稳定。二者巧妙结合取长补短,组成长短桩复合地基。

(3)对浅部存在欠固结土场地,宜先采用预压、挤密方法或柔性桩等处理浅层软弱土地基,而后采用刚性桩进行处理的方案。

(4)对湿陷性黄土应根据文献[6]《湿陷性黄土地区建筑标准》对湿陷性的处理要求,选择压实、夯实或土桩、灰土桩、夯实水泥土桩等处理湿陷性,再采用刚性长桩进行处理的方案。

(5)对有液化场地的地基,应根据文献[7]对液化地基的处理设计要求,如先采用碎石桩等方法处理液化土层,再采用刚性桩或长桩进行处理的方案。

(6)对膨胀土地基采用多桩型复合地基方案时,应采用灰土桩等处理膨胀性,长桩宜穿越膨胀土层及大气影响层以下进入稳定土层中。

(7)长短桩复合地基的单桩承载力应由载荷试验确定,但应考虑施工顺序对桩承载力的相互影响;对刚性桩施工较为敏感的土层,不宜采用刚性桩与静压桩的组合,刚性桩与其他桩组合时,应对其他桩的单桩承载力进行折减。

4.3.9.5   多桩型复合地基的布桩原则

多桩型复合地基的布桩宜采用正方形或三角形间隔布置。

刚性桩宜在基础范围内布桩,其他增强体布桩应满足液化土地基和湿陷性黄土地基对不同性质土质处理范围的规定。

4.3.9.6   多桩型复合地基的施工设计应要求

(1)对处理可液化土层的多桩型复合地基,应先施工处理液化的增强体。

(2)对消除或部分消除湿陷性黄土地基,应先施工处理湿陷性的增强体。

(3)应降低或减小后施工增强体对已施工增强体的质量和承载力的影响。

4.3.9.7 长短桩复合地基承载力特征值设计

根据文献[3]长短桩复合地基承载力特征值,应采用多桩型复合地基静载荷试验确定,初步设计时,可采用下列公式估算。

(1)对具有一定黏结强度的两种桩组合形成的多桩型复合地基(长短桩复合地基)承载力特征值:

$$f_{spk} = m_1 \frac{\lambda_1 R_{a1}}{A_{p1}} + m_2 \frac{\lambda_2 R_{a2}}{A_{p2}} + \beta(1 - m_1 - m_2)f_{sk} \tag{4-25}$$

式中:m_1、m_2 分别为桩1、桩2的面积置换率;λ_1、λ_2 为分别为桩1、桩2的单桩承载力发挥系数,应由单桩复合地基试验按等变形准则或多桩复合地基静载荷试验确定,有地区经验时也可按地区经验确定;R_{a1}、R_{a2} 分别为桩1、桩2单桩承载力特征值,kN;A_{p1}、A_{p2} 分别为桩1、桩2的截面面积,m^2;β 为桩间土承载力发挥系数,无经验时可取 0.9~1.0;f_{sk} 为处理后复合地基桩间土承载力特征值,kPa。

(2)对具有黏结强度的桩与散体材料桩组合形成的复合地基承载力特征值:

$$f_{spk} = m_1 \frac{\lambda_1 R_{a1}}{A_{p1}} + \beta[1 - m_1 + m_2(n - 1)]f_{sk} \tag{4-26}$$

式中:β 为由散体材料桩加固处理形成的复合地基承载力发挥系数;n 为由散体材料桩加固处理形成复合地基的桩土应力比;f_{sk} 为由散体材料桩加固处理后桩间土承载力特征值,kPa。

4.3.9.8 多桩型复合地基变形计算

多桩型复合地基变形计算(见图4-8),具有黏结强度的长短桩复合地基宜采用以下方法:将总变形量视为三部分组成,即长短桩复合加固区压缩变形、短桩桩端至长桩桩端的加固区压缩变形、复合土层下卧土层压缩变形。其中加固区的压缩变形计算可采用复合模量法计算,复合土层下卧土层变形宜按现行国家标准《建筑地基基础设计规范》(GB 50007—2011)的规定,采用分层总和法计算。

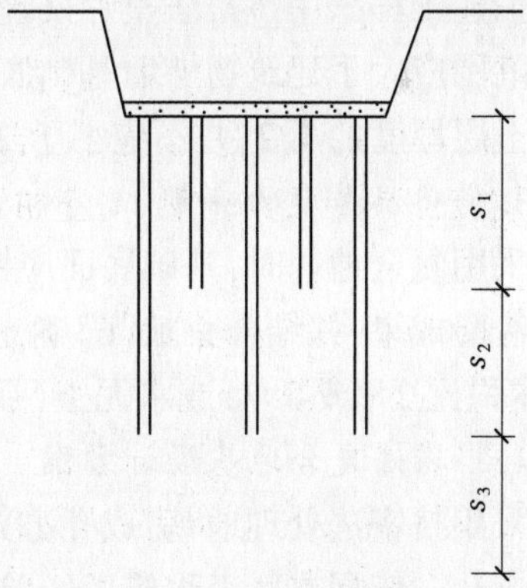

图 4-8 多桩型复合地基变形计算

$$s = s_1 + s_2 + s_3 \tag{4-27}$$

式中:s_1 为长、短桩复合土层产生的压缩变形;s_2 为短桩桩端至长桩桩端复合土层产生的压缩变形;s_3 为长桩桩端下的下卧土层的压缩变形。

其中,采用复合模量法计算复合地基变形时,有黏结强度增强体的长短桩复合加固区、长桩加固区土层压缩模量提高系数分别按下列公式计算:

$$\zeta_1 = \frac{f_{spk}}{f_{ak}} \tag{4-28}$$

$$\zeta_2 = \frac{f_{spk1}}{f_{ak}} \tag{4-29}$$

式中:f_{spk1} 为仅由长桩处理形成复合地基承载力特征值;f_{spk} 为长短桩复合地基承载力特征值;f_{ak} 为天然地基承载力特征值;ζ_1、ζ_2 分别为长短桩复合地基加固土层压缩模量提高系数和仅由长桩处理形成复合地基加固土层压缩模量提高系数。

4.3.10 典型案例分析

4.3.10.1 挤密桩复合地基细部设计

这里仍以 2.3.3 节案例 1 所述对 62#楼(11 层)、67#楼(9 层)为例谈谈复合地基的细部设计。地层剖面参照图 2-5。

1. 场地湿陷特征及方案选型

该场地湿陷性土层厚度最大 13.0 m,湿陷等级为Ⅱ级(中等)自重湿陷性黄土。

经计算,62#、67#楼基底下需换填土层厚度约 9.0 m,换填厚度较大,不宜采用,建议 62#、67#采用挤密桩复合地基方案。

该场地为Ⅱ级(中等)自重湿陷性黄土场地,依据文献[6]第 6.1.3 条:乙类、丙类建筑应采取地基处理措施消除地基的部分湿陷量;第 6.1.4 条第 2 款:在自重湿陷性黄土场地,处理深度不应小于基底下湿陷性土层的 2/3,且下部未处理湿陷性黄土层的剩余湿陷量不应大于 150 mm;第 6.1.4 条第 3 款:大厚度湿陷性黄土地基,基础底面以下具有自重湿陷性的黄土层应全部处理。

2. 地基处理范围的确定

拟建工程采用挤密法整片处理,依据文献[6]第 6.1.6 条第 3 款:整片处理时,平面处理范围应大于建筑物外墙基础底面。超出建筑物外墙基础外缘的宽度,每边不宜小于处理土层厚度的 1/2,并不应小于 2.0 m。

3. 褥垫层厚度的确定

采用复合地基时,基础底面应铺设褥垫层。褥垫层的具体厚度应根据该场地的复合地基检验成果,并结合文献[6]确定,褥垫层厚度宜为 0.3~0.6 m,褥垫层材料可采用灰土(体积比 2:8 或 3:7)或水泥土(质量比 1:9 或 2:8)。

4. 挤密法复合地基设计方案

采用挤密法处理地基,成孔方式可选用沉管、冲击、洛阳铲等方法,该工程场地宜采用沉管成孔。依据本区工程施工经验,挤密孔的位置宜按正三角形布置,孔心距 s 宜取 900 mm,预成孔直径 d 取 400 mm,成桩直径 $D \geqslant 550$ mm。

填料采用水泥土(2:8)。挤密填孔后,3 个孔之间土的平均挤密系数可按文献[6]6.4.3 公式计算,3 个孔之间土的平均挤密系数不宜小于 0.93。孔底填料前必须夯实,宜分层回填夯实,其压实系数不宜小于 0.97。为保证地基处理效果,锤重量不应小于 1 500 kg。

$$s = 0.95 \sqrt{\frac{\overline{\eta}_c \rho_{dmax} D^2 - \rho_{d0} d^2}{\overline{\eta}_c \rho_{dmax} - \rho_{d0}}} \tag{4-30}$$

式中:s 为孔心距,m;D 为成桩直径,m;d 为预钻孔直径,m,无预钻孔时取 0;ρ_{d0} 为地基挤密前孔深范围内各土层的平均干密度,g/cm³;ρ_{dmax} 为击实试验确定的桩间土最大干密度,g/cm³;$\bar{\eta}_c$ 为挤密填孔(达到 D 后),3 个孔之间土的平均挤密系数,不宜小于 0.93。

$$\bar{\eta}_{dmin} = \frac{\rho_{dc}}{\rho_{dmax}} \tag{4-31}$$

式中:η_{dmin} 为土的最小挤密系数:甲类、乙类建筑不宜小于 0.88,丙类建筑不宜小于 0.84;ρ_{dc} 为挤密填孔后,相邻 3 个孔之间形心点部位土的干密度,g/cm³。

挤密法复合地基承载力特征值:复合地基承载力特征值初步设计时,可按文献[3]第 7.1.5 条确定,初步设计时,可按式(4-32)进行估算。依据本区工程施工经验,初步设计时孔填料为水泥土复合地基承载力特征值可按 250 kPa 考虑,最终以检测结果为准。

$$f_{spk} = [1 + m(n - 1)]f_{ak} \tag{4-32}$$

式中:f_{spk} 为复合地基承载力特征值,kPa;f_{sk} 为处理后桩间土承载力特征值,kPa,可按地区经验确定,无试验资料时,除灵敏度较高的土外可取天然地基承载力特征值;n 为复合地基桩土应力比,可按地区经验确定;m 为面积置换率,$m = d^2/d_e^2$,d 为桩身平均直径(m),d_e 为一根桩分担的处理地基面积的等效圆直径(m),等边三角形布桩 $d_e = 1.05s$,正方形布桩 $d_e = 1.13s$,矩形布桩 $d_e = 1.13\sqrt{s_1 s_2}$,s、s_1、s_2 分别为桩间距、纵向桩间距和横向桩间距。

4.3.10.2 CFG 桩复合地基细部设计

1. 工程特征

拟建项目场地位于郑州市黄河路西段南侧,东邻卫生路。拟建工程(见表 4-12)包括 6 幢高层住宅楼、2 层商业楼、1 层会所及地下车库,框剪结构。地下室 1 层,预估基础埋深为 4.0 m。

表 4-12 工程特征一览表

工程名称	地上层数/地下层数	平面尺寸	预估基础埋深(m)	结构类型	拟采用基础形式	拟采用地基处理方案
1#住宅楼	18/1	48.8 m×12.5 m	4.0	框剪结构	柱下梁筏基础	复合地基
3#住宅楼	12/1	42.8 m×12.8 m	4.0	框剪结构	柱下梁筏基础	复合地基

2. 地质条件

拟建工程场地地貌单元属黄河冲积平原,自然地面相对标高在 99.1~101.1 m,相对高差 2.0 m。场地 55.0 m 勘探深度内地层组成为第四系全新统、上更新统、中更新统地层,可划分为 13 个工程地质层和 1 个工程地质亚层,各层土的分布特征见图 4-9,各层土工程地质条件及物理性质指标见表 4-13。

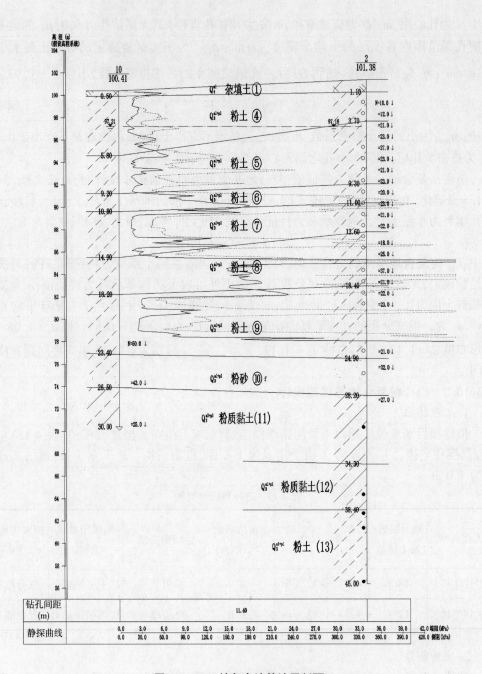

图 4-9　CFG 桩复合地基地层剖面

表 4-13　各层土物理性质指标统计

层号	地层名称	状态	厚度（m）	含水率 ω(%)	天然重度 γ（kN/m³）	孔隙比 e	液性指数 I_L	标贯统计修正值 N'	压缩模量 E_{s1-2}（MPa）	承载力特征值 f_{ak}(kPa)
①	杂填土	松散	0.8							
②	粉土	稍密—中密	3.6	21.5	19.1	0.784	0.73	2.8	4.4	95
②₁	粉土	中密—密实	3.2	20.1	19.7	0.701	0.65	9.0	10.2	150
③	粉细砂夹粉土	稍密—中密	3.1	19.2	20.0	0.659	0.49	24.1	14.5	170
④	粉土	中密—密实	3.5	19.3	18.8	0.771	0.41	4.7	9.6	145
⑤	粉土	中密—密实	4.7	22.3	19.6	0.764	0.80	12.6	7.8	125
⑥	粉土夹粉砂	中密	1.7	21.2	19.1	0.770	0.84		12.5	170
⑦	粉土	中密—密实	3.8	19.8	19.6	0.706	0.48	12.3	8.1	130
⑧	粉土夹粉砂	中密—密实	3.6	20.3	19.8	0.696	0.64	17.4	13.3	180
⑨	粉土	中密—密实	5.3	21.2	19.5	0.741	0.63	16.4	10.7	155
⑩	粉砂	中密—密实	3.2	18.3	20.1	0.643	0.44	25.6	18.5	210
⑪	粉质黏土	可塑—硬塑	6.0	18.3	19.6	0.708	−0.09	20.3	8.3	210
⑫	粉质黏土	可塑—硬塑	4.1	20.2	19.3	0.765	0.10		8.0	200
⑬	粉土	中密—密实	>6.0	22.1	19.1	0.806	0.58		14.5	200

场地地下水类型为潜水,潜水含水层主要为第②、②₁、④层粉土和第③层粉细砂夹粉土层。地下水位埋深 2.9~3.5 m,水位标高 96.9~97.4 m,最高水位按 98.0 m。

本场地抗震设防烈度为 7 度,设计地震分组为第二组,设计基本地震加速度值为 0.15g。场地土为中软场地土,覆盖层厚度为 71 m,Ⅲ类建筑场地,场地特征周期为 0.55 s,场地属非液化场地,无软土震陷可能,为可进行建设的一般性场地。

3. 环境条件

拟建场地位于郑州市中部,黄河路西段南侧,卫生路西侧。地貌单元属黄河冲积平原与黄河冲积一级阶地交接部位。

4. 细部设计

从场地建筑特征、地质条件、环境条件及当地 2004 年勘察设计经验着手,综合各种方案的适用性、可行性进行分析。本场地跨地貌单元,地层起伏较大,部分地段缺失,上部粉细砂夹粉土层不稳定,本场地最终采用 CFG 桩复合地基,不同楼不同地层选择不同的桩端持力层。

1)CFG 桩桩基设计参数

表 4-14　CFG 桩桩基设计参数

层号	②	②₁	③	④	⑤	⑥
桩的极限侧阻力标准值(kPa)	40	56	60	56	54	60
层号	⑦	⑧	⑨	⑩	⑪	
桩的极限侧阻力标准值(kPa)	54	60	58	60	75	
桩的极限端阻力标准值(kPa)		800	700	900	1 000	

2）桩端持力层选择

Ⅰ区的 1#、3# 高层住宅楼,选择第⑧层粉土作为桩端持力层,第⑧层为中等压缩性粉土,承载力特征值为 180 kPa,承载力较高,该层顶板埋深 14.10~15.60 m,顶板标高 85.51~87.19 m,层厚 2.9~4.6 m,平均厚度 3.36 m,是较好的桩端持力层。

3）单桩竖向承载力特征值估算

CFG 桩桩径 400 mm,单桩承载力特征值计算见表 4-15。

4）复合地基承载力特征值估算

复合地基承载力特征的计算结果见表 4-15。

表 4-15 1#、3# 高层住宅楼 CFG 桩复合地基承载力验算

建筑物名称	1#楼	3#楼
地上层数/地下层数（层）	18/1	12/1
基础埋深(m)/基底标高(m)	4.0/96.0	4.0/96.0
桩径(mm)	400	400
桩尖入土深度(m)（以自然地面算）	16.6(1 号孔为例)	14.8(22 号孔)
有效桩长(m)	11.5	10.6
地基持力层层号	⑤	⑤
桩端持力层层号	⑧	⑧
桩中心距(m)	1.4	2.0
布桩形式	梅花形	梅花形
单桩承载力特征值 R_a(kN)	452.6	420.6
面积置换率(m)	0.074	0.036 3
复合地基承载力特征值 f_{spk}(kPa)	359.0	217.8
修正后的复合地基承载力特征值 f_a(kPa)	376.5	235.3
基底压力标准值 P_k(kPa)	310	220
验算结果	$P_k > f_a$,满足	$P_k > f_a$,满足

注:以上均为估算,仅供设计时参考,具体设计时,复合地基承载力特征值应经过静载荷试验确定。

5）变形验算

根据文献[3]对 CFG 桩复合地基应进行变形验算。从场地地质条件分析,1#楼跨地貌单元,桩端持力层为第⑧层,取 1—1′ 剖面中的 2#孔和 b1#孔进行验算,沉降量分别为 46.90 mm 和 30.39 mm,沉降差为 16.51 mm,局部倾斜值为 0.001,满足规范变形允许值。

2#楼桩端持力层为第③层,取 3—3′ 剖面中的两个孔进行验算,沉降量分别为 31.61 mm 和 28.20 mm,沉降差为 3.41 mm,局部倾斜值为 0.000 4,估算 CFG 桩复合地基最终中心沉降量为 31 mm 左右,满足规范地基变形允许值。

4.3.10.3　灰土桩与 CFG 桩结合的组合桩复合地基细部设计

1. 工程特征

拟建工程场地位于郑州高新技术产业开发区,该工程包括多栋高层建筑、活动中心、商业、幼儿园及地下车库,拟建建筑物具体概况见表 4-16。

表 4-16　拟建建筑物概况

建筑物名称	地上层数	建筑物高度（m）	地下层数	基础埋深（m）	基底标高（m）	结构类型	上部荷载
10#楼	34F	96.15	2	9.05	96.45	剪力墙	560 kPa
14#楼	30F	89.05	2	9.00	96.50	剪力墙	520 kPa

注：整坪标高按现有自然地面的平均标高 105.5 m 计算,场地正负零标高为 105.8 m。

2.地质条件

场地地貌单元属丘陵岗地。地形略有起伏,自然地面相对标高在 104.29～106.49 m,场地 65.0 m 深度内地层组成为第四系全新统、上更新统稍密—中密粉土、可塑—硬塑的粉质黏土,可划分为 15 个工程地质层,各层土的分布特征见图 4-10,各层土工程地质条件及物理性质指标见表 4-17。

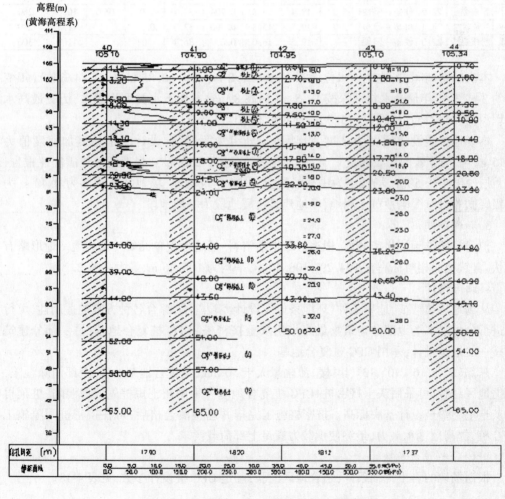

图 4-10　灰土桩与 CFG 桩复合地基地层剖面图

表 4-17 各层土物理性质指标统计

层号	地层名称	含水率 ω(%)	状态	厚度 (m)	天然重度 γ (kN/m³)	干重度 γ_d (kN/m³)	孔隙比 e	液限 S_r(%)	液性指数 I_L	标贯统计修正值 N'	压缩模量 E_{s1-2} (MPa)	承载力特征值 f_{ak}(kPa)
①	杂填土	—	松散	1.0								
②	粉土	13.8	中密—密实	1.7	18.0	15.8	0.738	28.4	-0.49	11.3	5.2	100
③	粉土	11.2	中密—密实	3.9	17.6	15.8	0.701	22.1	-0.76	13.3	10.2	150
④	粉土	14.9	稍密—中密	2.2	17.1	14.9	0.810	25.2	-0.24	13.8	9.1	140
⑤	粉土	13.1	中密—密实	2.2	17.5	15.4	0.756	25.5	-0.55	14.1	11.2	160
⑥	粉质黏土	17.7	可塑—硬塑	3.1	17.9	15.2	0.778	28.7	0.15	13.1	8.2	130
⑦	粉质黏土	18.4	硬塑—坚硬	3.7	18.4	15.6	0.726	29.9	0	12.8	7.2	180
⑧	粉质黏土	19.3	硬塑—坚硬	2.6	19.0	15.9	0.685	29.2	0.07	12.2	8.0	200
⑨	粉质黏土	21.6	可塑—硬塑	3.4	19.7	16.2	0.678	34.8	0.16	12.5	7.2	180
⑩	粉质黏土	21.7	硬塑—坚硬	8.6	19.8	16.2	0.669	35.9	0	15.1	8.0	200
⑪	粉质黏土	22.9	可塑—硬塑	7.5	19.4	15.8	0.711	33.6	0.23	16.0	8.8	220
⑫	粉质黏土	22.7	可塑—硬塑	6.3	19.5	15.9	0.700	32.9	0.32	17.7	9.6	240
⑬	粉质黏土	22.9	硬塑—坚硬	6.2	19.4	15.8	0.704	33.7	0.03	19.0	10.6	260
⑭	粉质黏土	23.4	可塑—硬塑	3.7	19.5	15.8	0.700	32.0	0.27		11.3	280
⑮	粉质黏土	22.0	硬塑—坚硬	—	19.5	16.0	0.687	36.4	0		11.7	300

本次勘察期间,场地地下水位埋深 19.8~21.8 m,平均 20.85 m(标高 84.6 m),年变幅约 2 m,3~5 年最高水位埋深按 18.5 m(标高 87 m)。地下水类型为潜水,历史最高水位埋深(抗浮设防水位埋深)15.0 m,绝对标高 90.5 m。

本场地抗震设防烈度为 7 度,设计地震分组为第二组,设计基本地震加速度值为 0.15 g。平均等效剪切波速值 v_{se} = 230 m/s 左右,小于 250 m/s,根据场地地震安评报告,覆盖层厚度小于 50 m,场地土为中软场地土,Ⅱ类建筑场地,场地特征周期为 0.40 s,为 Ⅰ 级轻微非自重湿陷性黄土场地,场地建筑抗震地段为一般地段。

3. 环境条件

拟建场地位于郑州市西部,根据区域地质资料,场地地貌单元属丘陵岗地。地形略有起伏,自然地面相对标高在 104.29~106.49 m,平均为 105.46 m,最大高差 2.2 m。

4. 细部设计

从场地建筑特征、地质条件、环境条件及设计经验着手,综合各种方案的适用性、可行性进行分析。本场地部分建筑物最终采用灰土挤密桩+CFG 桩复合地基;另一部分建筑物按一般地基设计,采用 CFG 桩复合地基。

东部(3#、5#、6#、10#、13#、14#楼)湿陷量大于 50 mm,需进行地基处理,全部消除湿陷,根据地区经验,可采用灰土挤密桩+CFG 桩复合地基。采用灰土短桩先处理湿陷,桩顶再用灰土垫层垫至设计基底标高。挤密桩施工完毕并已检测合格后,可在挤密桩间隙施工 CFG 桩,提高地基承载力,最终使承载力满足上部荷载要求。

1) CFG 桩设计参数

根据场地的岩土工程条件,结合地区经验,确定 CFG 桩设计参数,见表 4-18。

表 4-18 CFG 桩设计参数

层号	③	④	⑤	⑥	⑦	⑧	⑨	⑩
桩的侧阻力特征值 q_{si}(kPa)	29	22	29	28	30	32	29	35
桩的端阻力特征值 q_p(kPa)						400	400	500

注:上部土层考虑施工挤密桩,挤密土层,消除湿陷,参数提高。

2)CFG 桩复合地基承载力估算

按桩径 400 mm,对各个建筑物的复合地基承载力验算,结果见表 4-19。

表 4-19 CFG 复合地基承载力计算

建筑物名称	10#(34F)	14#(30F)
基础埋深(m)	9.05	9.00
基底标高(m)	96.45	96.5
地层数据孔号	73	43
布桩形式(满堂布桩)	等边三角形	等边三角形
桩径(mm)	400	400
桩间距(m)	1.5	1.6
面积置换率 m(%)	6.45	5.67
地基持力层层号	④局部⑤	④局部⑤
桩端持力层层号	⑩	⑩
桩入土深度(m)	29.35	29.6
有效桩长(m)	20.5	21.0
桩端端阻力发挥系数 a_p	1.0	1.0
单桩承载力发挥系数 λ	0.85	0.85
桩间土承载力折减系数 β	0.95	0.95
单桩竖向承载力特征值(kN)	750	750
灰土挤密桩先处理,取 250 kPa 地基持力层 f_{sk}(kPa)	250	250
复合地基承载力特征值(kPa)	566.7	525.9
修正后的复合地基承载力特征值 f_a(kPa)	566.7	525.9
基底压力(kPa)	560	520
桩体试块抗压强度平均值 f_{cu}(MPa)	20.3	20.3
复合地基强度是否能满足要求	满足要求	满足要求

注:1. 周围有大面积地下车库,深度修正作为安全储备不考虑。

2. 以上计算均为估算,仅供设计参考。具体设计时,CFG 桩复合地基承载力特征值应通过静载荷试验确定。

根据以上计算结果,本工程拟建建筑物采用 CFG 桩复合地基处理后,复合地基强度均能满足要求,基础形式可采用筏形基础。

3)CFG 复合地基变形验算

根据高压固结试验成果及有关规范,进行复合地基变形验算。沉降计算结果见表 4-20。

表 4-20　各个建筑物沉降计算成果

建筑物	10#(34F)	14#(30F)	8#(30F)	11#(30F)
中心点沉降量(mm)	67.3	55.2	60.6	55.6
倾斜	0.000 3	0.000 3	0.000 3	0.000 3
是否满足要求	满足	满足	满足	满足

注:请设计单位根据建筑物的具体荷载情况进行计算。

4.3.10.4　某湿陷性黄土地区高层建筑长短桩复合地基处理

郑州西郊某高层建筑高 28 层,地下 1 层,基础埋深 8.5 m,基底压力 480 kPa。

1. 地质条件

约 14.5 m 以上以黄土状粉土为主,以下为硬塑的粉质黏土。其中②、③、④、⑤、⑥层有湿陷性,为Ⅰ级轻微湿陷。

2. 地基处理方案

采用灰土桩与 CFG 组合桩组合法处理(见图 4-11)。

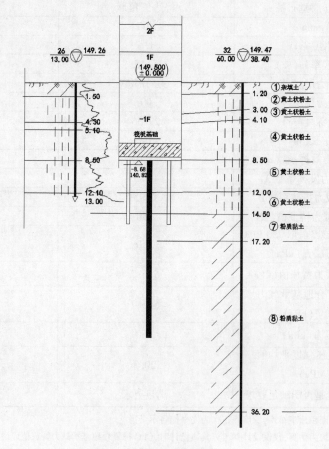

图 4-11　地基处理示意图

(1)灰土桩:处理深度到⑦层粉质黏土,桩径 400 mm,与 CFG 相间布桩,有效桩长 7.0 m。

(2)CFG 桩:处理深度到⑧层粉质黏土,桩径 400 mm,桩间距 1.4 m,正方形布桩,有效桩长 19.0 m;设计单桩承载力 650 kN。

综上所述,采用组合法处理河南西部湿陷性黄土地层上的高层建筑(一般高度小于 33 层),大量沉降观测资料表明,其实际沉降量在 25~40 mm。

4.4 桩基础的细部设计

4.4.1 概述

4.4.1.1 基本概念

根据文献[8],桩基是指由设置于岩土中的桩和与桩顶连结的承台共同组成的基础或由柱与桩直接连结的单桩基础。

复合桩基是指由基桩和承台下地基土共同承担荷载的桩基础。基桩是指桩基础中的单桩。

复合基桩是指单桩及其对应面积的承台下地基土组成的复合承载基桩。减沉复合疏桩基础是指软土地基天然地基承载力基本满足要求的情况下,为减小沉降采用疏布摩擦型桩的复合桩基。

4.4.1.2 桩基分类

1. 按承载性状分类

1)摩擦型桩

(1)摩擦桩:在承载能力极限状态下,桩顶竖向荷载由桩侧阻力承受,桩端阻力小到可忽略不计。

(2)端承摩擦桩:在承载能力极限状态下,桩顶竖向荷载主要由桩侧阻力承受。

2)端承型桩

(1)端承桩:在承载能力极限状态下,桩顶竖向荷载由桩端阻力承受,桩侧阻力小到可忽略不计。

(2)摩擦端承桩:在承载能力极限状态下,桩顶竖向荷载主要由桩端阻力承受。

2. 按成桩方法分类

(1)非挤土桩:干作业法钻(挖)孔灌注桩、泥浆护壁法钻(挖)孔灌注桩、套管护壁法钻(挖)孔灌注桩。

(2)部分挤土桩:长螺旋压灌灌注桩、冲孔灌注桩、钻孔挤扩灌注桩、搅拌劲芯桩、预钻孔打入(静压)预制桩、打入(静压)式敞口钢管桩、敞口预应力混凝土空心桩和 H 型钢桩。

(3)挤土桩:沉管灌注桩、沉管夯(挤)扩灌注桩、打入(静压)预制桩、闭口预应力混凝土空心桩和闭口钢管桩。

3. 按桩径(设计直径 d)大小分类

(1)小直径桩:$d \leqslant 250$ mm。

(2)中等直径桩:250 mm$<d<$800 mm。

(3)大直径桩:$d \geqslant 800$ mm。

4.4.2 桩基础设计等级

文献[7]提出桩基设计时应根据建筑规模、功能特征、对差异变形的适应性、场地地基和建筑物体型的复杂性，以及由于桩基问题可能造成建筑物破坏或影响正常使用的程度，按表4-21确定设计等级。

表4-21　建筑桩基设计等级

设计等级	建筑类型	补充说明
甲级	重要的建筑	功能重要、荷载大、重心高、风荷载和地震作用效应大
	30层以上或高度超过100 m的高层建筑	
	体型复杂且层数相差超过10层的高低层（含纯地下室）连体建筑	荷载和刚度分布极不均匀，对差异沉降适应能力差
	20层以上框架—核心筒结构及其他对差异沉降有特殊要求的建筑	
	场地和地基条件复杂的7层以上的一般建筑及坡地、岸边建筑	场地、环境条件特殊
	对相邻既有工程影响较大的建筑	
乙级	除甲级、丙级外的建筑	
丙级	场地和地质条件简单、荷载分布均匀的7层及7层以下的一般建筑	

注：对表中"体型复杂""影响较大"等定性的判断应结合工程经验确定。

4.4.2.1 桩基应根据具体条件分别进行下列承载能力计算和稳定性验算

（1）应根据桩基的使用功能和受力特征分别进行桩基的竖向承载力计算和水平承载力计算。

（2）应对桩身和承台结构承载力进行计算；对于桩侧土不排水抗剪强度小于10 kPa且长径比大于50的桩，应进行桩身压屈验算；对于混凝土预制桩，应按吊装、运输和锤击作用进行桩身承载力验算；对于钢管桩，应进行局部压屈验算。

（3）当桩端平面以下存在软弱下卧层时，应进行软弱下卧层承载力验算。

（4）对位于坡地、岸边的桩基，应进行整体稳定性验算。

（5）对于抗浮、抗拔桩基，应进行基桩和群桩的抗拔承载力计算。

（6）对于抗震设防区的桩基，应进行抗震承载力验算。

4.4.2.2 下列建筑桩基应进行沉降计算

（1）设计等级为甲级的非嵌岩桩和非深厚坚硬持力层的建筑桩基。

（2）设计等级为乙级的体形复杂、荷载分布显著不均匀或桩端平面以下存在软弱土层的建筑桩基。

（3）软土地基多层建筑减沉复合疏桩基础。

4.4.3 特殊地质条件下的桩基础设计原则

本书中所提到的特殊条件下的桩基设计包括特殊土和不良地质条件的桩基设计,其中特殊土包括软土、湿陷性黄土和膨胀土;不良地质条件仅包括岩溶地区、坡地岸边、抗震设防区。本书中未提到的其他特殊土及其他不良地质条件下的桩基设计请参考其他文献。

4.4.3.1 软土地基的桩基设计原则

(1)软土中的桩基宜选择中、低压缩性土层作为桩端持力层。

(2)桩周围软土因自重固结、场地填土、地面大面积堆载、降低地下水位、大面积挤土沉桩等而产生的沉降大于基桩的沉降时,应视具体工程情况分析计算桩侧负摩阻力对基桩的影响。

(3)采用挤土桩和部分挤土桩时,应采取消减孔隙水压力和挤土效应的技术措施,并应控制沉桩速率,减小挤土效应对成桩质量、邻近建筑物、道路、地下管线和基坑边坡等产生的不利影响。

(4)先成桩后开挖基坑时,必须合理安排基坑挖土顺序和控制分层开挖的深度,防止土体侧移对桩的影响。

表 4-22 软土地区桩基的设计要求

序号	情况	设计要求
1	软土中的桩基	宜选择中、低压缩性土作为桩端持力层
2	桩周软土因自重固结、场地填土、地面大面积堆载、降低地下水位、大面积挤土沉桩等原因而产生的沉降大于基桩的沉降时	应视具体工程情况考虑桩侧负摩阻力对基桩的影响
3	采用挤土桩和部分挤土桩时	应采取包括削减孔隙水压力和挤土效应的技术措施,并应控制沉桩速率,减小挤土效应对成桩质量及邻近建筑物、道路、地下管线和基坑边坡等产生的影响
4	先成桩后开挖基坑时	必须合理安排基坑挖土顺序和控制分层开挖深度,防止土体侧移对桩的影响

4.4.3.2 湿陷性黄土地区的桩基设计原则

(1)基桩应穿透湿陷性黄土层,桩端应支承在压缩性低的黏性土、粉土、中密和密实砂土及碎石类土层中。

(2)湿陷性黄土地基中,设计等级为甲、乙级建筑桩基的单桩极限承载力,宜以浸水载荷试验为主要依据。

(3)自重湿陷性黄土地基中的单桩极限承载力,应根据工程具体情况分析计算桩侧负摩阻力的影响。

湿陷性黄土地区的桩基应按表 4-23 的要求设计。

表 4-23　湿陷性黄土地区桩基的设计要求

序号	情况	设计要求
1	在湿陷性黄土地基中	基桩应穿透湿陷性黄土层,桩端应支承在压缩性低的黏性土、粉土、中密和密实砂土以及碎石类土层中
2		设计等级为甲、乙级建筑桩基的单桩极限承载力,宜以浸水载荷试验为主要依据
3	自重湿陷性黄土地基中的单桩极限承载力	应根据工程具体情况分析计算桩侧负摩阻力的影响

4.4.3.3　膨胀土地基中的桩基设计原则

(1)桩端进入膨胀土的大气影响急剧层以下的深度,应满足抗拔稳定性验算要求,且不得小于 4 倍桩径及 1 倍扩大端直径,最小深度应大于 1.5 m。

(2)为减小和消除膨胀对桩基的作用,宜采用钻(挖)孔灌注桩。

(3)确定基桩竖向极限承载力时,除不计入膨胀深度范围内桩侧阻力外,还应考虑地基土的膨胀作用,验算桩基的抗拔稳定性和桩身受拉承载力。

(4)为消除桩基受膨胀作用的危害,可在膨胀深度范围内,沿桩周及承台做隔胀处理。

膨胀土地基中的桩基应按表 4-24 的要求设计。

表 4-24　膨胀土地基中桩基的设计要求

序号	情况	设计要求
1	桩端进入膨胀土的大气影响急剧层以下的深度	应满足抗拔稳定性验算要求,且应 $\geqslant 4d$ 及 $\geqslant 1D$,最小深度应 > 1.5 m
2	为减少和消除膨胀对桩基的作用	宜采用钻、挖孔(扩底)灌注桩
3	确定基桩竖向极限承载力时	除不计入膨胀深度范围内桩侧阻力外,还应考虑地基土的膨胀作用,验算桩基的抗拔稳定性和桩身受拉承载力
4	为消除桩基受膨胀作用的危害	可在膨胀深度范围内,沿桩周及承台做隔胀处理

注:d 为桩径,mm;D 为扩大端直径,mm。

4.4.3.4　岩溶地区桩基设计原则

(1)岩溶地区的桩基,宜采用钻、冲孔桩。

(2)当单桩荷载较大,岩层埋深较浅时,宜采用嵌岩桩。

(3)当基岩面起伏很大且埋深较大时,宜采用摩擦型灌注桩。

岩溶地区的桩基应按表 4-25 的要求设计。

表 4-25　岩溶地区桩基的设计要求

序号	情况	设计要求
1	岩溶地区的桩基	宜采用钻、冲孔桩
2	当单桩荷载较大,岩层埋深较浅时	宜采用嵌岩桩
3	当基岩面起伏很大且埋深较大时	宜采用摩擦型灌注桩

(4)勘察手段要多样,必须重视物探工作,采用多种物探方法加钻探验证;另外,可研、初勘、详勘及施工阶段勘察都有必要。

4.4.3.5　坡地、岸边桩基的设计原则

(1)对建于坡地、岸边的桩基,不得将桩支承于边坡潜在的滑动体上。桩端应进入潜在滑裂面以下稳定岩土层内的深度,应能保证桩基的稳定。

(2)建筑桩基与边坡应保持一定的水平距离;建筑场地内的边坡必须是完全稳定的边坡,当有崩塌、滑坡等不良地质现象存在时,应按现行国家标准《建筑边坡工程技术规范》(GB 50330—2013)的规定进行整治,确保其稳定性。

(3)新建坡地、岸边建筑桩基工程应与建筑边坡工程统一规划,同步设计,合理确定施工顺序。

(4)不宜采用挤土桩。

(5)应验算最不利荷载效应组合下桩基的整体稳定性和基桩水平承载力。

坡地、岸边的桩基应按表 4-26 的要求设计。

表 4-26　坡地、岸边桩基的设计要求

序号	情况	设计要求
1	对建于坡地岸边的桩基	不得将桩支承于边坡潜在的滑动体上。桩端进入潜在滑裂面以下稳定岩土层内的深度,应能保证桩基的稳定
2	建筑桩基	与边坡应保持一定的水平距离,不宜采用挤土桩
3	建筑场地内的边坡	必须是完全稳定的边坡,如有崩塌、滑坡等不良地质现象存在时,应按现行《建筑边坡工程技术规范》(GB 50330—2013)进行整治,确保其稳定性
4	新建坡地、岸边建筑桩基工程	应与建筑边坡工程统一规划,同步设计,合理确定施工顺序
5	桩基的整体稳定性和基桩水平承载力	应进行最不利荷载效应组合下的验算

4.4.3.6　抗震设防区桩基的设计原则

(1)桩进入液化土层以下稳定土层的长度(不包括桩尖部分)应按计算确定;对于碎石土,砾、粗、中砂,密实粉土,坚硬黏性土尚不应小于 2~3 倍桩身直径,对其他非岩石土尚不宜小于 4~5 倍桩身直径。

(2)承台和地下室侧墙周围应采用灰土、级配砂石、压实性较好的素土回填,并分层夯实,也可采用素混凝土回填。

(3)当承台周围为可液化土或地基承载力特征值小于 40 kPa(或不排水抗剪强度小

于 15 kPa)的软土,且桩基水平承载力不满足计算要求时,可将承台外每侧 1/2 承台边长范围内的土进行加固。

(4)对于存在液化扩展的地段,应验算桩基在土流动的侧向作用力下的稳定性。

抗震设防区桩基应按表 4-27 的要求设计。

表 4-27 抗震设防区桩基设计要求

序号	情况	设计要求
1	桩端进入液化层以下稳定土层的长度(不包括桩尖部分)	应按计算确定;对于碎石土,砾、粗、中砂,密实粉土,坚硬黏性土尚不应小于(2~3)d(d 为桩径),对其他非岩石土不宜小于(4~5)d
2	承台和地下室侧墙周围的回填土	应采用灰土、级配砂石、压实性较好的素土分层夯实或采用素混凝土回填
3	当承台周围为可液化土或地基承载力特征值小于 40 kPa(或不排水抗剪强度小于 15 kPa)的软土,且桩基水平承载力不满足计算要求时	可将承台外每侧 1/2 承台边长范围内的土进行加固
4	对于存在液化扩展地段	应验算桩基在土流动的侧向作用力下的稳定性

4.4.3.7 可能出现负摩阻力的桩基设计原则

(1)对于填土建筑场地,宜先填土并保证填土的密实性,软土场地填土前应采取预设塑料排水板等措施,待填土地基沉降基本稳定后方可成桩。

(2)对于有地面大面积堆载的建筑物,应采取减小地面沉降对建筑物桩基影响的措施。

(3)对于自重湿陷性黄土地基,可采用强夯、挤密土桩等先行处理,消除上部或全部土的自重湿陷;对于欠固结土宜采取先期排水预压等措施。

(4)对于挤土沉桩,应采取消减超孔隙水压力、控制沉桩速率等措施。

(5)对于中性点以上的桩身,可对表面进行处理,以减少负摩阻力。

可能出现负摩阻力的桩基应按表 4-28 的要求设计。

表 4-28 可能出现负摩阻力的桩基设计要求

序号	情况	设计要求
1	对于填土建筑场地	先填土并保证填土的密实度
2	软土场地填土前	应采取预设塑料排水板等措施,待填土地基沉降基本稳定后方可成桩
3	对于有地面大面积堆载的建筑物	应采取减小地面沉降对建筑物桩基影响的措施
4	对于自重湿陷性黄土地基	可采用强夯、挤密土桩等先行处理,消除上部或全部土的自重湿陷
5	对于欠固结土	宜采取先期排水预压等措施
6	对于挤土沉桩	应采取削减超孔隙水压力、控制沉桩速率等措施
7	对位于中性点以上的桩身	可对表面进行处理,以减少负摩阻力

4.4.4　基桩的布置原则

基桩的布置宜符合下列条件：

(1)基桩的最小中心距应符合表4-29的规定。当施工中采取减小挤土效应的可靠措施时,可根据当地经验适当减小。

表4-29　基桩的最小中心距

土类与成桩工艺		排数不少于3排且桩数不少于9根的摩擦型桩桩基	其他情况
非挤土灌注桩		3.0d	3.0d
部分挤土桩	非饱和土、饱和非黏性土	3.5d	3.0d
	饱和黏性土	4.0d	3.5d
挤土桩	非饱和土、饱和非黏性土	4.0d	3.5d
	饱和黏性土	4.5d	4.0d
钻、挖孔扩底桩		2D 或 D+2.0 m(当D>2 m)	1.5D 或 D+1.5 m(当D>2 m)
沉管夯扩、钻孔挤扩桩	非饱和土、饱和非黏性土	2.2D 且 4.0d	2.0D 且 3.5d
	饱和黏性土	2.5D 且 4.5d	2.2D 且 4.0d

注:1. d 为圆桩设计直径或方桩设计边长,D 为扩大端设计直径。

2. 当纵横向桩距不相等时,其最小中心距应满足"其他情况"一栏的规定。

3. 当为端承桩时,非挤土灌注桩的"其他情况"一栏可减小至2.5d。

(2)排列基桩时,宜使桩群承载力合力点与竖向永久荷载合力作用点重合,并使基桩受水平力和力矩较大方向有较大抗弯截面模量。

(3)对于桩箱基础、剪力墙结构桩筏(含平板和梁板式承台)基础,宜将桩布置于墙下。

(4)对于框架-核心筒结构桩筏基础,应按荷载分布考虑相互影响,将桩相对集中布置于核心筒和柱下;外围框架柱宜采用复合桩基,有合适桩端持力层时,桩长宜减小。

(5)应选择较硬土层作为桩端持力层。桩端全断面进入持力层的深度,对于黏性土、粉土不宜小于2d,砂土不宜小于1.5d,碎石类土不宜小于1d。当存在软弱下卧层时,桩端以下硬持力层厚度不宜小于3d。

4.4.5　桩型与成桩工艺的选择

桩型与成桩工艺选择应据建筑结构类型、荷载性质、桩的使用功能、穿越土层、桩端持力层、地下水位、施工设备、施工环境、施工经验、制桩材料供应条件等选择,具体可按表4-30、表4-31进行选择。

表 4-30　桩型与成桩工艺选择

桩类		桩身(mm)	扩底端(mm)	最大桩长(m)	一般黏性土及其填土	淤泥和淤泥质土	粉土	砂土	碎石土	季节性冻土膨胀土	非自重湿陷性黄土	自重湿陷性黄土	中间有硬夹层	中间有砂夹层	中间有砾石夹层	硬黏性土	密实砂土	碎石土	软质岩石和风化岩石	以上	以下	振动和噪声	排浆	孔底有无挤密
非挤土成桩 / 干作业法	长螺旋钻孔灌注桩	300~800	—	28	○	×	○	△	×	○	○	△	×	△	×	○	○	△	△	○	×	无	无	无
	短螺旋钻孔灌注桩	300~800	—	20	○	×	○	△	×	○	○	△	×	△	×	○	○	△	△	○	×	无	无	无
	钻孔扩底灌注桩	300~600	800~1200	30	○	×	○	△	×	○	○	△	△	△	×	○	△	△	△	○	×	无	无	无
	机动洛阳铲成孔灌注桩	300~500	—	20	○	×	△	×	×	○	○	△	×	×	×	△	×	×	×	○	×	无	无	无
	人工挖孔扩底灌注桩	800~2000	1600~3000	30	○	×	△	△	△	○	○	△	△	△	△	○	○	○	○	○	△	无	无	无
非挤土成桩 / 泥浆护壁法	潜水钻成孔灌注桩	500~800	—	50	○	○	○	△	×	△	△	△	○	○	×	○	○	△	△	○	○	无	有	无
	反循环钻成孔灌注桩	600~1200	—	80	○	○	○	△	△	△	△	△	○	○	△	○	○	△	△	○	○	无	有	无
	正循环钻成孔灌注桩	600~1200	—	80	○	○	○	△	△	△	△	△	○	○	△	○	○	△	△	○	○	无	有	无
	旋挖成孔灌注桩	600~1200	—	60	○	△	○	△	△	△	△	△	○	○	△	○	○	△	△	○	○	无	有	无
	钻孔扩底灌注桩	600~1200	1000~1600	30	○	△	△	△	△	△	△	△	○	○	△	○	○	△	△	○	○	无	有	无
非挤土成桩 / 套管护壁	贝诺托灌注桩	800~1600	—	50	○	○	○	○	○	○	○	○	○	○	○	○	○	○	○	○	○	无	无	无
	短螺旋钻孔灌注桩	300~800	—	20	○	○	○	×	△	△	△	△	△	△	△	○	○	△	△	○	○	无	无	无

注:表中符号○表示比较合适,△表示有可能采用,×表示不宜采用。

桩类			桩径		最大桩长(m)	穿越土层											桩端进入持力层				地下水位		对环境影响		孔底有无挤密
			桩身(mm)	扩底端(mm)		一般黏性土及其填土	淤泥和淤泥质土	粉土	砂土	碎石土	季节性冻土膨胀土	非自重湿陷性黄土	自重湿陷性黄土	中间有硬夹层	中间有砂夹层	中间有砾石夹层	硬黏性土	密实砂土	碎石土	软质岩石和风化岩石	以上	以下	振动和噪声	排浆	
部分挤土成桩	灌注桩	冲击成孔灌注桩	600~1200	—	50	○	△	△	△	○	△	×	×	○	○	○	○	○	○	○	○	○	有	有	无
		长螺旋钻孔压灌桩	300~800	—	25	○	△	○	○	△	○	○	○	△	△	△	○	○	△	△	○	△	无	无	无
		钻孔扩多支盘桩	700~900	1200~1600	40	○	△	△	△	△	○	○	○	△	○	△	○	△	△	×	○	○	无	有	无
	预制桩	预钻孔打入式预制桩	500	—	50	○	○	○	△	×	○	○	○	○	○	○	○	○	○	○	○	○	有	无	有
		静压混凝土(预应力混凝土)敞口管桩	800	—	50	○	○	○	△	×	△	△	△	○	○	○	○	○	○	○	○	○	无	无	有
		H型钢桩	规格	—	80	○	○	○	○	○	△	△	△	○	○	○	○	○	○	○			有	无	无
		敞口钢管桩	600~900	—	80																		有	无	无
挤土成桩	灌注桩	内夯沉管灌注桩	325,377	460~700	25	○	○	○	△	△	△	○	△	×	○	×	△	△	△	△	○	○	有	无	有
	预制桩	打入式混凝土预制桩闭口钢管桩、混凝土管桩	500×500~1000	—	60	○	○	○	△	△	△	○	△	○	○	○	○	○	○	○	○	○	有	无	有
		静压桩	1000	—	50	○	○	△	△	△	○	△	△	×	○	○	△	○	×	×	○	○	无	无	有

表 4-31　桩的布置及桩端全截面进入持力层的深度要求

序号	情况	要求	
1	排列基桩时	宜使桩群承载力合力点与竖向永久荷载合力作用点重合,并使基桩受水平力和力矩较大方向有较大抗弯截面模量	
2	桩箱基础、剪力墙结构桩筏(含平板和梁板式承台)基础	宜将桩布置于墙下	
3	框架-核心筒结构桩筏基础	应按荷载分布考虑相互影响,将桩相对集中布置于核心筒区域和柱下	
4	桩端持力层	应选择较硬土层作为桩端持力层	
5	桩端全断面进入持力层的深度	黏性土、粉土	宜≥2d(d 为桩径)
		砂土	宜≥1.5d
		碎石类土	宜≥1d
		当存在软弱下卧层时,桩端以下硬持力层厚度	宜≥3d
6	嵌岩桩桩端全断面嵌入岩层深度	应综合荷载、上覆土层、基岩、桩径、桩长诸因素确定	
		对于嵌入倾斜的完整和较完整岩	宜≥0.4d 且≥0.5 m
		倾斜度大于30%的中风化岩	宜根据倾斜度及岩石完整性适当加大嵌岩深度
		嵌入平整、完整的坚硬岩和较硬岩	宜≥0.2d 且≥0.2 m

注:桩进入土层的深度,均为桩端全截面进入土层的深度,不计算桩尖部分。

4.4.6　常见的桩基础形式

我国幅员辽阔,地形地貌复杂,每个地区因地质条件及不良地质发育特点各有不同,再加上上部建筑结构也各有差异,表现在桩基选型上也各有特点,千姿百态。这里以文献[7]为参考并充分吸收多年来河南平原地区大量设计经验进行了总结,说明在该地区常见的桩基础形式,见表4-32。

表 4-32　常见的桩基础形式

序号	名称	适用范围与特点
1	钢筋混凝土灌注桩	按照施工工艺的不同分为钻孔、螺旋压灌、人工挖孔、旋挖、洛阳铲等钢筋混凝土灌注桩,适用各类地层及多层、小高层和高层建筑,单桩承载力多在 1 000~1 500 kN(因桩径、桩长而异);要求桩端有较好持力层
2	预制方桩与预应力管桩	分为锤击法和静压法,处理多层、小高层及高层建筑,单桩承载力特征值在 1 000~1 500 kN(因桩径、桩长而异);要求桩端有较好持力层;存在噪声或者对周边环境的挤土问题
3	螺杆桩	适合小高层、高层建筑,大、高层建筑及部分超大、超高层(超过 30 层及以上,但要小于 40 层)建筑,要求桩端有较好持力层,单桩承载力特征值在 1 000~3 000 kN(因桩径、桩长而异),当施工难度较大时更有优势;特别适合桩端为卵石、碎石及风化岩地层。另外,土质较软时无法形成螺纹,山前地下水流速较高时应进行试验性施工
4	双向螺旋挤土灌注桩	单桩承载力一般不太高,桩长一般小于 20 m,适用地层较广,不大适用于较软地层及进入密实地层较多时如卵石、碎石、风化岩地层
5	夯扩桩	一般多用于处理杂填土地层,或桩端无较好持力层时采用,适用于小高层及部分高层建筑,单桩承载力一般不太高,桩长一般数米到十几米,成桩时的单桩承载力离散型较大,桩间距不宜太小
6	复合型桩基础:水泥土复合管桩	常用于处理小高层及高层建筑及部分超高层建筑,一般当桩端无较好持力层时可以采用;单桩承载力特征值在 1 400~3 500 kN(因桩径、桩长而异);有较好持力层但施工难度较大时也可采用;特别适合桩端无较好持力层但控制变形比较严格时或者桩端有密实砂层但存在大量截桩时的地层
7	旋喷复合桩基础冲击高压旋喷桩(DJP 法)	适合复杂地层岩溶地基、深厚杂填土地基上的多层建筑、高层建筑等
8	钻孔灌注桩后压浆	适合大、高层及超大、超高层(超过 30 层及以上)建筑;单桩承载力特征值在 1 000~4 500 kN(因桩径、桩长而异),一般要求桩端有较好持力层;适合各种地层
9	组合型桩基础	一般当短桩处理后无法满足设计及上部结构要求,此时需要设计长桩以控制基础变形时形成组合型桩基础

4.4.7　桩基础的细部设计

按照文献[7],桩基计算既包括桩基承载力计算、沉降计算,也包括与构造计算有关的桩身承载力、裂缝控制及承台计算等。本节着重介绍与岩土专业有关的桩基承载力计算、沉降计算方面的内容。

对桩基础而言,桩基础的细部设计包括承载力设计和变形控制设计。

其承载力设计一般包括:

(1)桩端持力层选择,有无软弱下卧层。

(2)要提供有关基础设计参数,最好在收集类似建筑场地的试桩、测桩及沉降资料并进行综合分析后提交。

(3)单桩承载力估算。

(4)桩体强度计算。

(5)沉降或变形估算。

(6)工法选择及施工可行性、离散型分析,施工参数确定。

(7)试桩的必要性、过程控制及检验。

(8)桩基的检验与检测。

(9)可能出现的有关环境岩土问题预测及应对措施,以下分别叙述。

4.4.8　桩基础的承载力设计

4.4.8.1　群桩中单桩桩顶竖向力计算

轴心竖向力作用下:

$$Q_k = \frac{F_k + G_k}{n} \tag{4-33}$$

式中:F_k 为荷载效应标准组合下,作用于承台顶面的竖向力,kN;G_k 为桩基承台和承台上土自重标准值,kN,对稳定的地下水位以下部分应扣除水的浮力;Q_k 为荷载效应标准组合轴心竖向力作用下,基桩或复合基桩的平均竖向力,kN;n 为桩基中的桩数。

4.4.8.2　桩基竖向承载力计算

桩基竖向承载力计算应符合下列规定。

1. 荷载效应标准组合

(1)轴心竖向力作用下

$$N_k \leqslant R \tag{4-34}$$

(2)偏心竖向力作用下除满足式(4-34)外,尚应满足下式的要求:

$$N_{kmax} \leqslant 1.2R \tag{4-35}$$

2. 地震作用效应和荷载效应标准组合

轴心竖向力作用下

$$N_{Ek} \leqslant 1.25R \tag{4-36}$$

4.4.8.3　单桩竖向承载力特征值 R_a

按下式确定

$$R_a = Q_{uk}/K \tag{4-37}$$

式中:Q_{uk}为单桩竖向极限承载力标准值,kN;K为安全系数,取$K=2$。

4.4.8.4 单桩竖向承载力特征值的确定

(1)单桩竖向承载力特征值应通过单桩竖向静载荷试验确定。在同一条件下的试桩数量,不宜少于总桩数的1%且不应少于3根。单桩的静载荷试验,应按《建筑地基基础设计规范》(GB 50007—2011)进行。

(2)当桩端持力层为密实砂卵石或其他承载力类似的土层时,对单桩竖向承载力很高的大直径端承型桩,可采用深层平板载荷试验确定桩端土的承载力特征值,试验方法应符合《建筑地基基础设计规范》(GB 50007)的规定。

(3)地基基础设计等级为丙级的建筑物,可采用静力触探及标贯试验参数结合工程经验确定单桩竖向承载力特征值。

(4)初步设计时单桩竖向承载力特征值可按下式进行估算(以下应为极限值):

$$R_a = q_{pa}A_p + u_p \sum q_{sia}l_i \tag{4-38}$$

式中:A_p为桩底端横截面面积,m^2;q_{pa}、q_{sia}为桩端阻力特征值、桩侧阻力特征值,kPa,由当地静载荷试验结果统计分析算得;u_p为桩身周边长度,m;l_i为第i层岩土的厚度,m。

(5)桩端嵌入完整及较完整的硬质岩中,当桩长较短且入岩较浅时,可按下式估算单桩竖向承载力特征值:

$$R_a = q_{pa}A_p \tag{4-39}$$

式中:q_{pa}为桩端岩石承载力特征值,kN。

嵌岩灌注桩桩端以下3倍桩径且不小于5 m范围内应无软弱夹层、断裂破碎带和洞穴分布,且在桩底应力扩散范围内应无岩体临空面。当桩端无沉渣时,桩端岩石承载力特征值应根据岩石饱和单轴抗压强度标准值进行确定。

(6)桩身混凝土强度应满足桩的承载力设计要求。

按桩身混凝土强度计算桩的承载力时,应按桩的类型和成桩工艺的不同将混凝土的轴心抗压强度设计值乘以工作条件系数φ_c,桩轴心受压时桩身强度应符合式(3-40)的规定。当桩顶以下5倍桩身直径范围内螺旋式箍筋间距不大于100 mm且钢筋耐久性得到保证时,可适当计入桩身纵向钢筋的抗压作用。

$$Q \leqslant A_p f_c \varphi_c \tag{4-40}$$

式中:f_c为混凝土轴心抗压强度设计值,kPa,按现行国家标准《混凝土结构设计规范》(GB 50010—2010)取值;Q为相应于作用的基本组合时的单桩竖向力设计值,kN;A_p为桩身横截面面积,m^2;φ_c为工作条件系数,非预应力预制桩取0.75,预应力桩取$0.55\sim0.65$,灌注桩取$0.6\sim0.8$(水下灌注桩、长桩或混凝土强度等级高于C35时用低值)。

4.4.8.5 经验参数法

文献[7]第5.3.5条,当根据土的物理指标与承载力参数之间的经验关系确定单桩竖向极限承载力标准值时,宜按公式(3-41)估算。

$$Q_{uk} = Q_{sk} + Q_{pk} = u \sum q_{sik}l_i + q_{pk}A_p \tag{4-41}$$

式中:q_{sik}为桩侧第i层土的极限侧阻力标准值,如无当地经验时,可按表4-33取值;q_{pk}为极限端阻力标准值,如无当地经验时,可按表4-34取值。

表 4-33　桩的极限侧阻力标准值 q_{sik}　　　　　　　　　　　　（单位:kPa）

土的名称	土的状态		混凝土预制桩	泥浆护壁钻（冲）孔桩	干作业钻孔桩
填土	—		22~30	20~28	20~28
淤泥	—		14~20	12~18	12~18
淤泥质土	—		22~30	20~28	20~28
黏性土	流塑	$I_L>1$	24~40	21~38	21~38
	软塑	$0.75<I_L\leqslant1$	40~55	38~53	38~53
	可塑	$0.50<I_L\leqslant0.75$	55~70	53~68	53~66
	硬可塑	$0.25<I_L\leqslant0.50$	70~86	68~84	66~82
	硬塑	$0<I_L\leqslant0.25$	86~98	84~96	82~94
	坚硬	$I_L\leqslant0$	98~105	96~102	94~104
红黏土	$0.7<a_w\leqslant1$		12~32	12~30	12~30
	$0.5<a_w\leqslant0.7$		32~74	30~70	30~70
粉土	稍密	$e>0.9$	26~46	24~42	24~42
	中密	$0.75\leqslant e\leqslant0.9$	46~66	42~62	42~62
	密实	$e<0.75$	66~88	62~82	62~82
粉细砂	稍密	$10<N\leqslant15$	24~48	22~46	22~46
	中密	$15<N\leqslant30$	48~66	46~64	46~64
	密实	$N>30$	66~88	64~86	64~86
中砂	中密	$15<N\leqslant30$	54~74	53~72	53~72
	密实	$N>30$	74~95	72~94	72~94
粗砂	中密	$15<N\leqslant30$	74~95	74~95	76~98
	密实	$N>30$	95~116	95~116	98~120
砾砂	稍密	$5<N_{63.5}\leqslant15$	70~110	50~90	60~100
	中密（密实）	$N_{63.5}>15$	116~138	116~130	112~130
圆砾、角砾	中密、密实	$N_{63.5}>10$	160~200	135~150	135~150
碎石、卵石	中密、密实	$N_{63.5}>10$	200~300	140~170	150~170
全风化软质岩	—	$30<N\leqslant50$	100~120	80~100	80~100
全风化硬质岩	—	$30<N\leqslant50$	140~160	120~140	120~150
强风化软质岩	—	$N_{63.5}>10$	160~240	140~200	140~220
强风化硬质岩	—	$N_{63.5}>10$	220~300	160~240	160~260

注:1. 对尚未完成自重固结的填土和以生活垃圾为主的杂填土,不计其侧阻力。

2. a_w 为含水比, $a_w=\omega/\omega_L$, ω 为土的天然含水量, ω_L 为土的液限。

3. N 为标准贯入击数, $N_{63.5}$ 为重型圆锥动力触探击数。

4. 全风化、强风化软质岩和全风化、强风化硬质岩是指其母岩分别为 $f_{rk}\leqslant15$ MPa、$f_{rk}>30$ MPa 的岩石。

表 4-34 桩的极限端阻力标准值 q_{pk}

（单位：kPa）

土名称	土的状态	混凝土预制桩桩长 l(m)				泥浆护壁钻(冲)孔桩桩长 l(m)				干作业钻孔桩桩长 l(m)		
		l≤9	9<l≤16	16<l≤30	l>30	5≤l<10	10≤l<15	15≤l<30	30≤l	5≤l<10	10≤l<15	15≤l
黏性土	软塑 0.75<I_L≤1	210~850	850~1 700	1 200~1 800	1 300~1 900	150~250	250~300	300~450	300~450	200~400	400~700	700~950
	可塑 0.50<I_L≤0.75	850~1 700	1 400~2 200	1 900~2 800	2 300~3 600	350~450	450~600	600~750	750~800	500~700	800~1 100	1 000~1 600
	硬可塑 0.25<I_L≤0.50	1 500~2 300	2 300~3 300	2 700~3 600	3 600~4 400	800~900	900~1 000	1 000~1 200	1 200~1 400	850~1 100	1 500~1 700	1 700~1 900
	硬塑 0<I_L≤0.25	2 500~3 800	3 800~5 500	5 500~6 000	6 000~6 800	1 100~1 200	1 200~1 400	1 400~1 600	1 600~1 800	1 600~1 800	2 200~2 400	2 600~2 800
粉土	中密 0.75≤e≤0.9	950~1 700	1 400~2 100	1 900~2 700	2 500~3 400	300~500	500~650	650~750	750~850	800~1 200	1 200~1 700	1 400~1 600
	密实 e<0.75	1 500~2 600	2 100~3 000	2 700~3 600	3 600~4 400	650~900	750~950	900~1 100	1 100~1 200	1 200~1 700	1 400~1 900	1 600~2 100
粉砂	稍密 10<N≤15	1 000~1 600	1 500~2 300	1 900~2 700	2 100~3 000	350~500	450~600	600~700	650~750	500~950	1 300~1 600	1 500~1 700
	中密、密实 N>15	1 400~2 200	2 100~3 000	3 000~4 500	3 800~5 500	600~750	750~900	900~1 100	1 100~1 200	900~1 000	1 700~1 900	1 700~1 900
细砂	N>15	2 500~4 000	3 600~5 000	4 400~6 000	5 300~7 000	650~850	900~1 200	1 200~1 500	1 500~1 800	1 200~1 600	2 000~2 400	2 400~2 700
中砂	中密、密实 N>15	4 000~6 000	5 500~7 000	6 500~8 000	7 500~9 000	850~1 050	1 100~1 500	1 500~1 900	1 900~2 100	1 800~2 400	2 800~3 800	3 600~4 400
粗砂	N>15	5 700~7 500	7 500~8 500	8 500~10 000	9 500~11 000	1 500~1 800	2 100~2 400	2 400~2 600	2 600~2 800	2 900~3 600	4 000~4 600	4 600~5 200
砾砂	N>15	6 000~9 500		9 000~10 500		1 400~2 000		2 000~3 200		3 500~5 000		
角砾、圆砾	$N_{63.5}$>10	7 000~10 000		9 500~11 500		1 800~2 200		2 200~3 600		4 000~5 500		
碎石、卵石	$N_{63.5}$>10	8 000~11 000		10 500~13 000		2 000~3 000		3 000~4 000		4 500~6 500		
全风化软质岩	30<N≤50	4 000~6 000				1 000~1 600				1 200~2 000		
全风化硬质岩	30<N≤50	5 000~8 000				1 200~2 000				1 400~2 400		
强风化软质岩	$N_{63.5}$>10	6 000~9 000				1 400~2 200				1 600~2 600		
强风化硬质岩	$N_{63.5}$>10	7 000~11 000				1 800~2 800				2 000~3 000		

注：1. 砂土和碎石类土中桩的极限端阻力取值,宜综合考虑土的密实度,桩端进入持力层深径比 h_b/d,土愈密实,h_b/d 愈大,取值愈高。

2. 预制桩的岩石极限端阻力指桩端支承于中、微风化基岩表面或进入强风化岩、软质岩一定深度条件下极限端阻力。

3. 全风化、强风化软质岩和全风化、强风化硬质岩其母岩岩石坚硬程度分别为 f_{rk} ≤15 MPa、f_{rk} >30 MPa 的岩石。

4.4.9 桩基工程的变形控制设计

(1)据文献[7],桩基沉降计算应符合下列规定:

①设计等级为甲级的非嵌岩桩和非深厚坚硬持力层的建筑桩基。

②设计等级为乙级的体形复杂、荷载分布显著不均匀或桩端平面以下存在软弱土层的建筑桩基。

③摩擦型桩基。

④软土地基多层建筑减沉复合疏桩基础。

桩基变形计算要求见表4-35。

表 4-35　桩基变形计算要求

序号	分类	详细规定
1	应计算沉降的桩基	设计等级为甲级的非嵌岩桩和非深厚坚硬持力层的建筑桩基
		设计等级为乙级的体形复杂、荷载分布显著不均匀或桩端平面以下存在软弱土层的建筑桩基
		软土地基多层建筑减沉复合疏桩基础
2	应计算水平位移的桩基	受水平荷载较大,或对水平位移有严格限制的建筑桩基

注:表中第1项的建筑桩基,在其施工过程及建成后使用期间,应进行系统的沉降观测直至沉降稳定。

(2)桩基沉降不得超过建筑物的沉降允许值,并应符合表4-36的规定。

表 4-36　建筑桩基沉降变形允许值

序号	变形特征		允许值
1	砌体承重结构基础的局部倾斜		0.002
2	各类建筑相邻柱(墙)基础的沉降差	框架、框架-剪力墙、框架-核心筒结构	$0.002l_0$
		砌体填充的边排柱	$0.0007l_0$
		当基础不均匀沉降时不产生附加应力的结构	$0.005l_0$
3	单层排架结构(柱距为6 m)桩基的沉降量(mm)		120
4	桥式吊车轨面的倾斜(按不调整轨道考虑)	纵向	0.004
		横向	0.003
5	多层和高层建筑的整体倾斜	$H_g \leqslant 24$	0.004
		$24 < H_g \leqslant 60$	0.003
		$60 < H_g \leqslant 100$	0.0025
		$H_g > 100$	0.002

序号	变形特征		允许值
6	高耸结构桩基的整体倾斜	$H_g \leqslant 20$	0.008
		$20 < H_g \leqslant 50$	0.006
		$50 < H_g \leqslant 100$	0.005
		$100 < H_g \leqslant 150$	0.004
		$150 < H_g \leqslant 200$	0.003
		$200 < H_g \leqslant 250$	0.002
7	高耸结构基础的沉降量（mm）	$H_g \leqslant 100$	350
		$100 < H_g \leqslant 200$	250
		$200 < H_g \leqslant 250$	150
8	体形简单的剪力墙结构、高层建筑桩基的最大沉降量（mm）		200

注：l_0 为相邻柱（墙）二测点间距离；H_g 为自室外地面算起的建筑高度，m。

（3）文献［7］第5.5.2条桩基沉降变形可用下列指标表示：①沉降量；②沉降差；③整体倾斜：建筑物桩基础倾斜方向两端点的沉降差与其距离之比值；④局部倾斜：墙下条形承台沿纵向某一长度范围内桩基础两点的沉降差与其距离之比值。

（4）桩基的变形控制指标见表4-37。

表 4-37　桩基的变形控制指标

序号	结构形式	桩基的变形控制指标
1	砌体承重结构	局部倾斜控制
2	多、高层建筑和高耸结构	整体倾斜控制
3	框架、框架-剪力墙、框架-核心筒结构	尚应控制柱（墙）之间的差异沉降

对于桩中心距不大于6倍桩径的桩基，其最终沉降量计算可采用等效作用分层总和法。等效作用面位于桩端平面，等效作用面积为桩承台投影面积，等效作用附加压力近似取承台底平均附加压力。等效作用面以下的应力分布采用各向同性均质直线变形体理论。桩基任一点最终沉降量可用角点法按下式计算：

$$s = \psi \cdot \psi_e \cdot s' = \psi \cdot \psi_e \cdot \sum_{j=1}^{m} p_{0j} \sum_{i=1}^{n} \frac{z_{ij}\overline{\alpha}_{ij} - z_{(i-1)j}\overline{\alpha}_{(i-1)j}}{E_{si}} \tag{4-42}$$

式中：s 为桩基最终沉降量，mm；s' 为采用布辛奈斯克（Boussinesq）解，按实体深基础分层总和法计算出的桩基沉降量，mm；ψ 为桩基沉降计算经验系数，当无当地可靠经验时可按文献［7］确定；ψ_e 为桩基等效沉降系数，可按文献［7］确定；m 为角点法计算点对应的矩形荷载分块数；p_{0j} 为第 j 块矩形底面在荷载效应准永久组合下的附加压力，kPa；n 为桩基沉降计算深度范围内所划分的土层数；E_{si} 为等效作用面以下第 i 层土的压缩模量，MPa，采用地基土在自重压力至自重压力加附加压力作用时的压缩模量；z_{ij}、$z_{(i-1)j}$ 为桩端平面

第 j 块荷载作用面至第 i 层土、第 $i-1$ 层土底面的距离，m；$\bar{\alpha}_{ij}$、$\bar{\alpha}_{(i-1)j}$ 为桩端平面第 j 块荷载计算点至第 i 层土、第 $i-1$ 层土底面深度范围内平均附加应力系数，按文献[7]确定。

矩形桩基中点沉降时，桩基沉降量可按下式简化计算：

$$s = \psi \cdot \psi_e \cdot s' = 4\psi \cdot \psi_e \cdot p_0 \sum_{i=1}^{n} \frac{z_i \bar{\alpha}_i - z_{(i-1)j} \bar{\alpha}_{(i-1)}}{E_{si}} \tag{4-43}$$

式中：p_0 为在荷载效应准永久组合下承台底的平均附加压力，kPa；$\bar{\alpha}_{ij}$、$\bar{\alpha}_{(i-1)}$ 为平均附加应力系数，根据矩形长宽比 a/b 及深宽比 $z_i/b = 2z_i/B_c$，$z_{i-1}/b = 2z_{i-1}/B_c$，可按文献[7]确定。

沉降计算深度 z_n 应按应力比法确定，即 z_n 处的附加应力 σ_z 与土的自重应力 σ_c 应符合下列公式要求：

$$\sigma_z \leqslant 0.2\sigma_c \tag{4-44}$$

$$\sigma_z = \sum_{j=1}^{m} a_j p_{0j} \tag{4-45}$$

式中：α_j 为附加应力系数，可根据角点法划分的矩形长宽比及深宽比按文献[7]确定。

等效沉降系数 ψ_e 可按下列公式简化计算：

$$\psi_e = C_0 + \frac{n_b - 1}{C_1(n_b - 1) + C_2} \tag{4-46}$$

$$n_b = \sqrt{n \cdot B_c/L_c} \tag{4-47}$$

式中：n_b 为矩形布桩时的短边布桩数，当布桩不规则时可按式(4-47)近似计算，$n_b>1$，当 $n_b=1$ 时，沉降可按文献[7]确定；C_0、C_1、C_2 为根据群桩距径比 s_a/d、长径比 l/d 及基础长宽比 L_c/B_c，按文献[7]确定；L_c、B_c、n 分别为矩形承台的长、宽及总桩数。

所谓等效沉降系数 ψ_e，是在基础平面尺寸相同的条件下，按不同几何参数刚性承台群桩 Mindlin 位移解计算的沉降值与不考虑群桩侧面剪应力及应力不扩散实体深基础 Boussinesq 解计算的沉降值二者之间的比值。为方便计算，先按照实体深基础 Boussinesq 解分层总和法计算沉降，再乘以等效沉降系数 ψ_e，就在实质上纳入了按 Mindlin 位移解计算桩基础沉降时，附加应力及桩群几何参数的影响，因此称为等效作用分层总和法。

4.4.10 桩基础的细部设计典型案例分析——双向螺旋挤土灌注桩(SDS)桩基础

据场地地质条件，结合邻近场地类似工程中的建筑经验，69#楼也可采用双向螺旋挤土灌注桩桩基础方案。可以以⑧层卵石作为桩端持力层。

4.4.10.1 双向螺旋挤土灌注桩设计参数

依据文献[10]，根据各工程地质层的物理学性质，结合本场地地质资料和地区建筑经验，给出双向螺旋挤土灌注桩桩基础方案的桩基设计参数，见表4-38。

4.4.10.2 双向螺旋挤土灌注桩单桩承载力估算

依据文献[10]式4.3.2对单桩承载力进行估算，见表4-39。

表 4-38　双向螺旋挤土灌注桩桩基础设计参数

层号		桩侧阻力标准值（kPa）	侧阻力增强系数 α_{si}	桩端阻力标准值（kPa）	端阻力增强系数 α_p
①	人工填土	−10			
②	粉土	−10			
③	粉土	−10			
④	粉土	−10			
⑤	粉土	48	1.1		
⑥	粉土	46	1.1		
⑦	粉土	50	1.1		
⑧	卵石	150	1.2	2 500	2.1

表 4-39　双向螺旋挤土灌注桩单桩承载力验算

楼号	69#楼	
基底标高(m)	342.3	
基底压力(kPa)	570	
桩径(mm)	500	
孔号	K1	K13
桩间距(m)	1.50	1.50
布桩形式	梅花形	
桩长(m)	16.0	17.0
持力层号	⑧	⑧
进入持力层深度(m)	5.0	5.0
单桩竖向极限承载力标准值 Q_{uk}(kN)	2 369	2 934
单桩竖向承载力特征值 R_a(kN)	1 184	1 467
桩顶轴向压力特征值 N(kN)	1 111	1 111
是否满足	满足	满足

注：1. 以上数据均为估值，仅供设计方初步设计使用，最终结果以现场试桩结果检测为准。

2. 为验算桩基变形，根据各层土的常规固结和高压固结试验资料，给出各土层各压力段的压缩模量建议值。

桩端下各土层各压力段的压缩模量建议值见表 4-40。

表 4-40　桩端下各土层各压力段的压缩模量建议值

层号	岩性	$E_{s0.2-0.4}$(MPa)	$E_{s0.4-0.8}$(MPa)	$E_{s0.8-1.6}$(MPa)
⑨	粉土	12.8	15.0	23.0
⑩	粉砂	25.1	36.0	54.0
⑪	卵石	38.0	52.0	75.0
⑫	粉砂	30.0	41.0	58.0

以 K3 孔为例计算得到中心沉降量为 32.59 mm。

4.4.10.3 双向螺旋挤土灌注桩成桩可能性分析及应注意的问题

(1)场地内上部以中密状态的粉土为主,桩端为中密状态的卵石,可能影响成桩速度,且容易造成偏斜,施工中应加强防斜措施。

(2)因存在大面积填土,宜采用跳打方式。

(3)若采用双向螺旋挤土灌注桩桩基础方案,应在典型地段进行试桩,以便准确确定单桩竖向承载力特征值,具体试桩要求应严格按现行规范、规程和设计进行。桩基施工结束后,应进行浸水状态下的桩基础检测(桩身完整性和单桩承载力)。单桩极限承载力,宜以浸水载荷试验为主要依据。

参考文献

[1] 滕延京,黄熙龄,王曙光,等.建筑地基基础设计规范:GB 50007—2011[S].北京:中国建筑工业出版社,2012.

[2] 机械工业部设计研究院.多层与高层建筑结构设计技术 R].1993,9.

[3] 滕延京,张永钧,闫明礼.建筑地基处理技术规范:JGJ 79—2012[S].北京:中国建筑工业出版社,2013.

[4] 龚晓南,水伟厚.王长科,等.复合地基技术规范:GB/T 50783—2012[S].北京:中国计划出版社,2012.

[5] 邓亚光,等.劲性复合桩技术规程:JGJ/T 330—2014[S].北京:中国建筑工业出版社,2014.

[6] 朱武卫,罗宇生,王奇维,等.湿陷性黄土地区建筑标准:GB 50025 —2018[S].北京:中国建筑工业出版社,2018.

[7] 黄强,刘金砺,高文生,等.建筑桩基技术规范:JGJ 94—2008[S].北京:中国建筑工业出版社,2008.

[8] 黄世敏,王亚勇,戴国莹,等.建筑抗震设计规范:GB 50011—2010[S].北京:中国建筑工业出版社,2016.

[9] 朱丙寅,娄宇,杨琦.地基基础设计方法及实例[M].北京:中国建筑工业出版社,2012.

[10] 河南省地方标准.双向螺旋挤土灌注桩技术规程:DBJ 41/T132—2014[S].郑州:河南科学技术出版社,2014.

5 螺杆桩

5.1 概 述

螺杆桩是一种桩身由直杆段和螺纹段组成的组合式灌注桩,一种"上部为圆柱型、下部为螺丝型"的中等直径、部分挤土组合式灌注桩,它是由带自控装置的具有特制螺纹钻杆的钻机形成螺纹钻孔,通过高压泵压入混凝土,严格控制钻杆提升速度和旋转速度进而形成带螺纹的螺杆桩。

螺杆桩直径是指桩身直杆段的直径,螺纹段直径是指桩身螺纹段最小圆柱截面的直径。螺杆桩一般直径为400~700 mm,相应螺纹段直径为300~480 mm。目前国内施工设备施工能力可达深度32 m,直径1 000 mm,单桩承载力可达4 000 kN。

山东、湖北、安徽等地已经陆续发布了地方标准,河南省已于2016年9月发布[1]。据了解,目前正在编制国家行业标准。

5.2 适用地层与工法特点

5.2.1 适用地层

(1)比较适合上软下硬地层。如上部土层下部砂土、卵石、风化岩地层;地层中间发育有较多硬块时可以挤走,如本书第2章2.5节所示的深厚杂填土地段;图5-1上部杂填

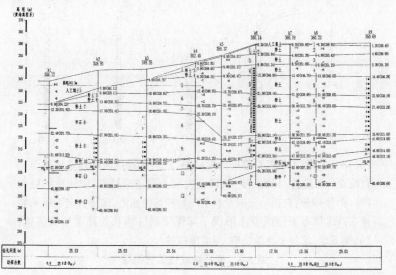

图5-1 三门峡市区西部某高阶地分布的杂填土与湿陷性黄土地基

土、下部分布湿陷性黄土土层,下部卵石层地段;图5-2上部土层,下部风化岩地段,持力层高低不平、坡度较大时尤其适用。

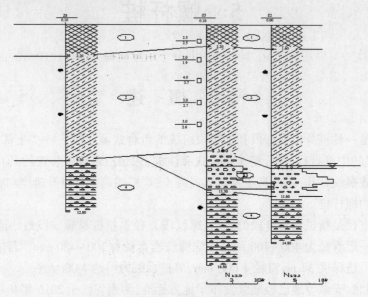

图 5-2　某地分布的卵石及风化岩地基

　　(2)上部覆盖层、下部岩溶地层。该类地基持力层顶面多起伏不平,坡度较大,而一般的钻进工艺较难适应。

5.2.2　工法特点与优势

5.2.2.1　螺杆桩成桩工艺流程

　　螺杆桩成桩工艺流程见图5-3。

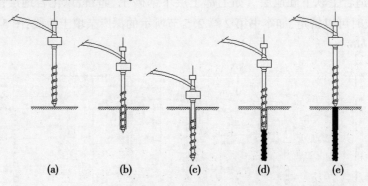

　　(a)第一步:施工钻机对准桩位;(b)第二步:钻杆正向非同步钻进至直杆段设计深度;(c)第三步:钻杆正向同步钻进至桩底,形成桩的螺纹段;(d)第四步:在提钻同时泵机利用钻杆作为通道,保持额定泵压和泵速在高压状态下使混凝土形成下部螺纹状桩体和上部圆柱状桩体;(e)第五步,混凝土浇筑完毕,形成螺杆桩

图 5-3　螺杆桩成桩工艺流程

5.2.2.2 工法优势

(1)当上部杂填土中有较多建筑垃圾、桩头等,若直径不太大,一般不影响螺杆桩施工。

(2)避免了传统方法施工如泥浆护壁钻孔桩施工中常见的需要护壁及塌孔、断桩、缩颈等问题;避免了侧壁泥皮厚、沉渣多需清底及大量排浆等问题。

与钻孔灌注桩后压浆基础比较,相同混凝土用量前提下性价比较高,可大幅度提高单桩承载力。单方混凝土提供承载力在 300~350 kN。

(3)与钻孔灌注桩后压浆基础比较,因直径较小、桩长一般不超过 40 m,单桩承载力一般不超过 4 000 kN。

5.3　基本要求

5.3.1　勘察要求及持力层选择

(1)除常规勘察要求外,勘察时应重点注意以下问题:

①遇到杂填土地段、砂卵石地层等,应查明其颗粒组成、含量,特别是地层中可能存在的最大颗粒直径。

②在山前地段,当地下水流速较大时,应针对性查明其水文地质条件,分析螺杆桩成桩可行性。

③在淤泥、淤泥质土、易液化的粉土、砂土、流软塑的粉质黏土中不易形成螺纹,也应分析其可行性。

(2)螺杆桩应选择稳定且较硬土层作为桩端持力层。

(3)应针对桩端不同的地层情况,选用合适的施工设备,或进行试验性施工,以确定合适的设备及施工参数。

5.3.2　直杆段长度要求

螺杆桩直杆段长度宜为桩长的 1/3~3/4。

5.3.3　桩体强度要求

螺杆桩桩身混凝土强度应符合下列要求:

(1)螺杆桩作为桩基础时,桩身混凝土强度等级不应小于 C30。

(2)螺杆桩作为复合地基增强体时,桩身混凝土强度等级不应小于 C25。

5.3.4　桩身配筋要求

5.3.4.1　配筋率

螺杆桩桩身配筋率纵向主筋应不少于,6 Φ 10 桩身配筋率可取 0.35%~0.65%(小直径桩取高值),受荷载特别大的桩应通过计算确定配筋率;对抗拔桩应根据计算确定配筋率,并不应小于上述规定值。

5.3.4.2 纵向钢筋

抗压桩桩身纵向钢筋应不小于 6 Φ 10;承受水平荷载的桩,桩身纵向主筋应不小于 8 Φ 12;纵向主筋沿桩身周边应均匀布置,净距不应小于 60 mm。纵向主筋长度应符合下列规定:

(1)螺杆桩桩身配筋长度不宜小于 2/3 桩长;当受水平荷载时,配筋长度尚不宜小于 4.0/α(α 为桩水平变形系数)。

(2)对于受地震作用的基桩,桩身配筋长度应穿过可液化土层和软弱土层。

(3)受负摩阻力的桩,配筋长度应穿过软弱土层进入稳定土层,进入深度不应小于 (2~3)D(D 为桩身直杆段直径)。

(4)抗拔桩应沿桩身通长配筋。

5.3.5 桩间距要求

螺杆桩作为桩基础的基桩时,最小中心距应满足表 5-1 的规定。

表 5-1 螺杆桩的最小中心距

土类	排桩不少于 3 排且桩数不少于 9 根的螺杆桩桩基	其他情况
非饱和土、饱和非黏性土	3.5D	3.0D
饱和黏性土	4.0D	3.5D

注:1. D 为桩身直杆段直径。

2. 当纵横向桩距不相等时,其最小中心距应满足"其他情况"一栏的规定。

3. 螺杆桩作为复合地基的增强体时,桩间距宜为(3~6)D。

5.3.6 常规螺杆桩尺寸

常规螺杆桩尺寸要求可按照表 5-2 中的相应数值进行取值,且应满足螺纹段顶部轴力下的强度要求。螺杆桩大样见图 5-4。

表 5-2 常规螺杆桩尺寸　　　　　　　　　　　　　　　　　　(单位:mm)

螺杆桩直径 D	螺纹段直径 d	螺距 h	螺牙宽度 b	螺牙厚度	
				内侧 t_1	外侧 t_2
400	300	350/400	50	100	50
500	300	350/400	100	100	50
500	300	350/400	100	100	60
500	377	350/400	61.5	100	50
500	377	440	61.5	120	60
550	377	440	86.5	120	60
600	377	440~480	111.5	120	60
700	480	460~500	110	157	65

注:螺杆桩尺寸也可根据工程实际情况及设计要求进行相应调整。

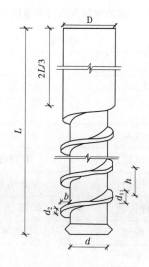

L—螺杆桩桩长;D—螺杆桩直径;

d—螺纹段直径;d_1—螺牙内侧厚度;

d_2—螺牙外侧厚度;b—螺牙宽度;h—螺距

注:螺纹段长度为 L 时,即为浅螺纹桩;

直杆段长度为 L 时,即为旋转挤压灌注桩。

图 5-4　螺杆桩大样

5.4　单桩承载力计算

对螺杆桩单桩竖向极限承载力的计算方法较多,一般包括规范法、抗剪强度法和载荷试验法。对一般工程而言,因规范法计算模式简单、含义明确、使用方便而得到广泛应用。

根据文献[1]第 5.2.1 条,根据地层的类别、物理指标和桩的入土深度与承载力参数之间的经验关系确定螺杆桩单桩极限承载力标准值,初步设计时可按以下公式估算:

$$Q_{uk} = Q_{sk1} + Q_{sk2} + Q_{pk}$$
$$= u \sum \beta_{si} q_{sik} l_i + u \sum \beta_{sj} q_{sjk} l_j + q_{pk} A_p \tag{5-1}$$

式中:Q_{sk1} 为单桩直杆段总极限侧阻力标准值,kN;Q_{sk2} 为单桩螺纹段总极限侧阻力标准值,kN;Q_{pk} 为单桩总极限端阻力标准值,kN;q_{sik}、q_{sjk} 为桩侧直杆段第 i 层土、螺纹段第 j 层土的极限侧阻力标准值,无地区经验时,可按表 5-3 取值;q_{pk} 为单桩极限端阻力标准值,无地区经验时,可按表 5-4 取值;u 为桩身周长,m,$u = \pi D$;A_p 为桩端面积,m²;l_i、l_j 为桩周直杆段第 i 层土、螺纹段第 j 层土的厚度,m;β_{si}、β_{sj} 为直杆段第 i 层土、螺纹段第 j 层土的桩侧极限侧阻力增强系数,宜根据现场单桩静载荷试验结果确定,无地区经验时,β_{si} 可取 1.0,β_{sj} 可按表 5-5 取值。

表 5-3　桩的极限侧阻力标准值 q_{sik}、q_{sjk}　　　　（单位：kPa）

土的名称	土的状态		q_{sik}/q_{sjk}
填土	—		20～28
淤泥	—		12～18
淤泥质土	—		20～28
黏性土	流塑	$I_L>1$	21～38
	软塑	$0.75<I_L\leqslant1$	38～53
	可塑	$0.5<I_L\leqslant0.75$	53～66
	硬可塑	$0.25<I_L\leqslant0.50$	66～82
	硬塑	$0<I_L\leqslant0.25$	82～94
	坚硬	$I_L\leqslant0$	94～104
粉土	稍密	$e>0.9$	24～42
	中密	$0.75\leqslant e\leqslant0.9$	42～62
	密实	$e<0.75$	62～82
粉砂、细砂	稍密	$10<N\leqslant15$	22～46
	中密	$15<N\leqslant30$	46～64
	密实	$N>30$	64～86
中砂	中密	$15<N\leqslant30$	53～72
	密实	$N>30$	72～94
粗砂	中密	$15<N\leqslant30$	76～98
	密实	$N>30$	98～120
砾砂	稍密	$5<N_{63.5}\leqslant15$	60～100
	中密、密实	$N_{63.5}>15$	112～130
圆砾、角砾	中密、密实	$N_{63.5}>10$	135～150
碎石、卵石	中密、密实	$N_{63.5}>10$	150～170
全风化软质岩	—	$30<N\leqslant50$	80～100
全风化硬质岩	—	$30<N\leqslant50$	120～150
强风化软质岩	—	$N_{63.5}>10$	140～220
强风化硬质岩	—	$N_{63.5}>10$	160～260

注：1. 对尚未完成自重固结的填土和以生活垃圾为主的杂填土，不计其侧阻力外。

2. N 为标准贯入击数，$N_{63.5}$ 为重型圆锥动力触探击数。

3. 全风化、强风化软质岩和全风化、强风化硬质岩系指其母岩分别为 $f_{rk}\leqslant15$ MPa、$f_{rk}>30$ MPa 的岩石。

表 5-4　桩的极限端阻力标准值 q_{pk}　　　　　　（单位:kPa）

土名称	土的状态		q_{pk}		
			$5 \leqslant l < 10$	$10 \leqslant l < 15$	$l \geqslant 15$
黏性土	软塑	$0.75 < I_L \leqslant 1$	200~400	400~700	700~950
	可塑	$0.5 < I_L \leqslant 0.75$	500~700	800~1 100	1 000~1 600
	硬可塑	$0.25 < I_L \leqslant 0.50$	850~1 100	1 500~1 700	1 700~1 900
	硬塑	$0 < I_L \leqslant 0.25$	1 600~1 800	2 200~2 400	2 600~2 800
粉土	中密	$0.75 \leqslant e \leqslant 0.90$	800~1 200	1 200~1 400	1 400~1 600
	密实	$e < 0.75$	1 200~1 700	1 400~1 900	1 600~2 100
粉砂	稍密	$10 < N \leqslant 15$	500~950	1 300~1 600	1 500~1 700
	中密、密实	$N > 15$	900~1 000	1 700~1 900	1 700~1 900
细砂	中密、密实	$N > 15$	1 200~1 600	2 000~2 400	2 400~2 700
中砂			1 800~2 400	2 800~3 800	3 600~4 400
粗砂			2 900~3 600	4 000~4 600	4 600~5 200
砾砂	中密、密实	$N_{63.5} > 15$	3 500~5 000		
圆砾、角砾		$N_{63.5} > 10$	4 000~5 500		
碎石、卵石			4 500~6 500		
全风化软质岩	—	$30 < N \leqslant 50$	1 200~2 000		
全风化硬质岩	—	$30 < N \leqslant 50$	1 400~2 400		
强风化软质岩	—	$N_{63.5} > 10$	1 600~2 600		
强风化硬质岩	—	$N_{63.5} > 10$	2 000~3 000		

注:1. l 为螺杆桩桩长,m。

2. 砂土和碎石土中桩的极限端阻力取值,宜综合考虑土的密实度、桩端进入持力层的深径比 h_b/D,土愈密实,h_b/D 愈大,取值愈高。

3. 全风化、强风化软质岩和全风化、强风化硬质岩是指其母岩分别为 $f_{rk} \leqslant 15$ MPa、$f_{rk} > 30$ MPa 的岩石。

表 5-5　桩侧极限侧阻力增强系数 β_{sj}

土的名称	土的状态	桩侧极限侧阻力增强系数 β_{sj}
黏性土	软塑—可塑	1.0~1.5
	可塑—硬塑	1.5~1.8
	硬塑—坚硬	1.8~1.5
粉土	稍密	1.4~1.6
	中密	1.6~1.8
	密实	1.8~1.5
粉细砂	稍密	1.5~1.7
	中密	1.7~1.8
	密实	1.8~1.5

土的名称	土的状态	桩侧极限侧阻力增强系数 β_{sj}
中砂	中密	1.6~1.7
	密实	1.7~1.5
粗砂	中密	1.6~1.7
	密实	1.7~1.5
砾砂	中密、密实	1.7~1.5
砾石、卵石	松散	1.6~1.8
	中密、密实	1.6~1.3
风化岩	全风化—中风化	1.6~1.4

5.5　变形计算

仍以本书4.4.9节有关要求进行变形计算。

5.6　典型案例分析

以本书第2章2.5节所述案例介绍细部设计过程。

本场地63#楼、65#楼、69#楼及地下车库天然地基持力层为第①层杂填土,临近西侧为填土地段,且临近边坡,故建议采用桩基础,适合本场地的有螺杆桩方案、双向螺旋挤土灌注桩(SDS)方案、载体桩方案和钻孔灌注桩方案等。以下对本工程可能采用的螺杆桩方案细部设计进行简要介绍。

5.6.1　持力层选择

据场地地质条件,结合邻近场地类似工程中的建筑经验,69#楼可采用螺杆桩桩基础方案,可以以第⑧层卵石作为桩端持力层。

针对本场地该桩型有以下优点:

(1)对第①层人工填土中存在的建筑垃圾、桩头等,在施工中可挤走。

(2)螺杆桩比较适合上软下硬地层。

(3)与常规的钻孔灌注桩方案比较,该工艺避免了塌孔、护壁、断桩、缩径及排浆等问题。

(4)无需清底。

(5)此桩型较后压浆桩型单桩承载力提高约1.3倍。

5.6.2　设计参数及单桩承载力估算

5.6.2.1　设计参数

依据文献[1],根据各工程地质层的物理力学性质,结合本场地地质资料和地区建筑经验,给出螺杆桩桩基础方案的桩基设计参数,见表5-6。

表 5-6 螺杆桩桩基础设计参数

层号		桩侧阻力标准值 q_{sik}(kPa)	桩端阻力标准值 q_{pk}(kPa)	增强系数 β
①	人工填土	−15		
②	黄土状粉土	−15		
③	黄土状粉土	−15		
④	黄土状粉土	−15		
⑤	粉土	48		1.4
⑥	粉土	46		1.4
⑦	粉土	50	1 200	1.4
⑧	卵石	150	4 500	1.5

5.6.2.2 螺杆桩单桩承载力估算

依据文献[1],计算结果列于表 5-7。

表 5-7 螺杆桩单桩承载力验算

楼号	69#楼
基底标高(m)	342.3
基底压力(kPa)	570
桩径(mm)	500
孔号	K1
桩间距(m)	1.50
布桩形式	梅花形
桩长(m)	15.0
持力层号	⑧
进入持力层深度(m)	4.62
单桩竖向极限承载力标准值 Q_{uk}(kN)	3 848
单桩竖向承载力特征值 Ra(kN)	1 924
桩顶轴向压力特征值 N(kN)	1 111
是否满足	满足

注:以上数据均为估值,仅供设计方初步设计使用,最终结果以现场试桩结果检测为准。

5.6.3 沉降计算

根据文献[2]第5.5.7条规定对69#楼进行沉降计算。中心最终沉降量由下式确定：

$$s = \psi \cdot \psi_e \cdot s' = 4\psi \cdot \psi_e \cdot p_0 \sum_{i=1}^{n} \frac{z_i \overline{\alpha}_i - z_{(i-1)} \overline{\alpha}_{(i-1)}}{E_{si}} \qquad (5-2)$$

式中：s 为桩基最终沉降量，mm；s' 为采用布辛奈斯克(Boussinesq)解，按实体深基础分层总和法计算出的桩基沉降量，mm；ψ 为桩基沉降计算经验系数，当无当地可靠经验时可按文献[2]第5.5.11条确定；ψ_e 为桩基等效沉降系数，可按文献[2]5.5.9条确定；p_0 为在荷载效应准永久组合下承台底的平均附加应力；$\overline{\alpha}_i$、$\overline{\alpha}_{(i-1)}$ 为平均附加应力系数，根据矩形长宽比 a/b 及深宽比 $\frac{z_i}{b} = \frac{2z_i}{b_c}$、$\frac{z_{i-1}}{b} = \frac{2z_{i-1}}{b_c}$，可按文献[2]附录D选用；$E_{si}$ 为等效作用面以下第 i 层土的压缩模量，MPa，采用地基土在自重压力至自重压力加附加压力作用时的压缩模量。

为验算桩基变形，根据各层土的常规固结和高压固结试验资料，给出各土层各压力段的压缩模量建议值(见表5-8)。

表5-8 桩端下各土层各压力段的压缩模量建议值

层号	岩性	$E_{s0.2-0.4}$(MPa)	$E_{s0.4-0.8}$(MPa)
⑨	粉土	12.8	15.0
⑩	粉砂	28.0	35.0
⑪	卵石	38.0	55.0
⑫	粉砂	30.0	40.0

经计算，基础中心沉降量为32.6 mm。

5.6.4 螺杆桩施工应注意的问题

(1)场地内上部以中密状态的粉土为主，桩端为中密状态的卵石，可能影响成桩速度，且容易造成偏斜，施工中应加强防斜措施。

(2)在第①层杂填土中宜采用直杆段，第⑤、⑥、⑦层粉土及第⑧层卵石中采用螺杆段。

(3)因存在大面积填土，宜采用跳打方式。

(4)若采用螺杆桩桩基础方案，应在典型地段进行试桩，以便准确确定单桩承载力特征值，具体试桩要求应严格按现行规范、规程和设计要求进行。桩基施工结束后，应进行浸水状态下的桩基础检测(桩身完整性和单桩承载力)。单桩极限承载力，宜以浸水载荷试验为主要依据。

5.7 有关问题讨论

5.7.1 关于桩侧摩阻力与桩端阻力的取值问题

文献[1]是参照文献[2]中干作业挖孔桩的桩侧摩阻力与桩端阻力的取值,对桩侧阻力存在取值范围过大问题,相差20%~50%。对桩端取值:应注意规范中建议的取值不是桩愈长,端阻力取值愈高。当桩较长时,如大于25~30 m,桩端阻力值不宜取值过大。注意:桩太长时桩端阻力需要有较大的位移才能发挥出来,而正常荷载下建筑物的沉降都比较小,不能达到桩端阻力发挥时需要的较大位移,这里建议取范围值中的低值。

5.7.2 积累当地测桩、试桩资料

多积累当地在类似场地、类似桩径、桩长下的测桩、试桩报告,注意比较分析,不断积累设计经验,以指导今后的勘察设计工作。

参考文献

[1] 孙瑞民,付进省,蔡黎明,等. 螺杆桩技术规程:DBJ 41/T 160—2016[S]. 郑州:黄河水利出版社,2016.
[2] 黄强,刘金砺,高文生,等.建筑桩基技术规范:JGJ 94—2008[S]. 北京:中国建筑工业出版社,2008.

6 复合桩

6.1 概 述

复合桩是指采用搅拌、植入、压灌等两种方法或两种材料将桩植入原桩位,以期大幅度提高桩基承载能力的一种桩型,它可以克服仅采用一种桩型的局限性,充分利用两种方法或两种材料的优势,十几年来得到广泛应用。就目前应用现状来看,包括水泥土复合管桩和潜孔冲击高压旋喷桩。

6.1.1 水泥土或混凝土复合管桩

水泥土复合管桩(简称 MC 桩)是在由高压搅拌法形成的水泥土桩与同心植入的预应力高强混凝土管桩复合而形成的基桩。目前,常用的高压水泥土搅拌桩直径一般在 800~1 500 mm,最大可达 2 000 mm,管桩直径为 400~600 mm,施工桩长从 5 m 到 20 m 不等,最大可达 40 m。目前,国家行业标准已经发布[1,2]。

当采用引孔设备成孔灌注混凝土并植入管桩时,即为混凝土复合管桩。

6.1.2 潜孔冲击高压旋喷桩(简称 DJP 桩)

它是将潜孔锤钻进与喷射器工艺有效结合为一体,实现钻进喷浆一体化,利用潜孔锤高频振动破碎岩石及较硬地层,再通过高压旋转喷浆工艺成孔,当需要做基础桩时,通过压灌混凝土植入钢筋笼形成 DJP 复合钢筋混凝土桩;或者通过植入预应力管桩形成 DJP 复合管桩。就其工艺特点来看,它也是一种复合桩。

常用直径为 800~2 500 mm,施工桩长从 5 m 到 50 m 不等。目前有企业标准,正在编入行业标准。

6.2 水泥土复合管桩

6.2.1 适用地层

(1)特别适宜于素填土、粉土、黏性土、松散砂土、稍密砂土、中密砂土等土层。遇有下列情况时,应通过现场和室内试验确定其适用性。

①淤泥、淤泥质土、吹填土、含有大量植物根茎土。

②地下水具有中—强腐蚀性、地下水流速较大的场地。

③含有较多块石、漂石或其他障碍物。

④含有不宜作为持力层的坚硬夹层。

⑤密实砂层。

在江苏省淮安、镇江、南通、徐州、海安、泰兴、大丰等地 30 余个建筑场地分别有 18 层、26 层、31 层建筑中得到大量应用，单桩承载力可达到 2 500 kN，建筑物沉降量多在 30~40 mm。

（2）当高层、小高层建筑需要采用复合地基或桩基础，但桩端下无较好持力层时，如在河南省的许昌、漯河、焦作及沁阳、长垣、兰考、淮阳等地，如图 6-1~图 6-3 所示。

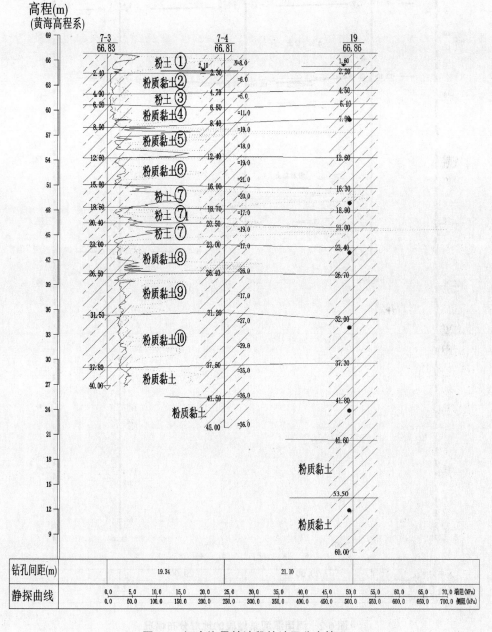

图 6-1　河南许昌某地段的地层分布情况

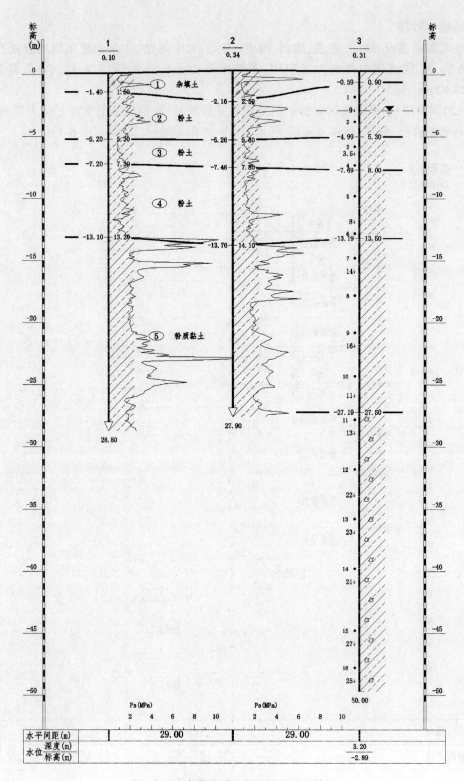

图 6-2 河南漯河某地段的地层分布情况

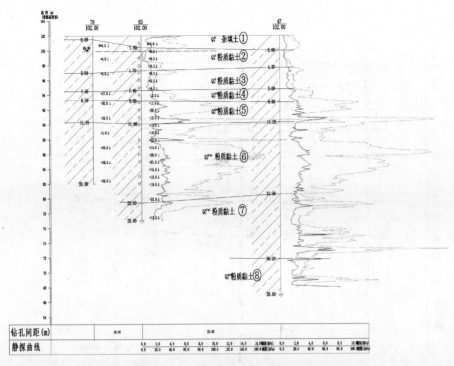

图 6-3　河南焦作某地段的地层分布情况

(3)当高层、小高层建筑需要采用复合地基或桩基础,桩端持力层较密实无法穿透时,如在河南省的郑州东、开封、中牟、新乡等地,在地面下 15~20 m 普遍有一层较密实的砂层,见图 6-4。

(4)桩侧土质呈软塑到流塑状态,对桩侧约束力明显不足时;或者在冲沟回填地段、尾矿泥堆积地段等建筑场地。

6.2.2　构造要求

当无可靠的水泥土复合管桩基础工程经验时,设计前应针对桩长范围内主要土层进行室内水泥土配合比试验,选择合适的水泥品种、外掺剂及其掺量,并应符合下列规定:

(1)宜选用普通硅酸盐水泥,强度等级可选用 42.5 级或以上,对于地下水有腐蚀性环境宜选用抗腐蚀性水泥。

(2)水泥掺量不宜小于被加固土质量的 20%。

(3)水泥浆的水灰比应按工程要求确定,可取 0.8~1.5。

(4)外掺剂可根据工程需要和地质条件选用具有早强、缓凝及节省水泥等作用的材料。

(5)水泥土复合管桩的选型应符合下列规定:

①水泥土桩直径 D 与管桩直径 d 之差,应根据环境类别、承载力要求、桩侧土性质等综合确定,且不应小于 300 mm。

②水泥土桩直径与管桩直径之比可按表 6-1 的规定确定,水泥土强度高者取低值,反之取高值。

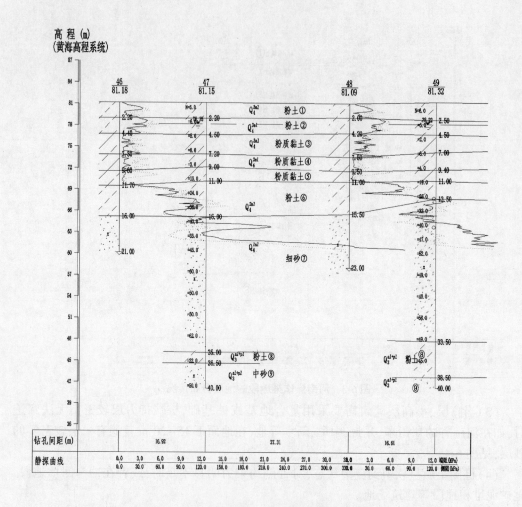

图 6-4 中牟等地浅部分布的中密粉、细砂地基

表 6-1 水泥土桩直径与管桩直径之比

d(mm)	300	400	500	600	800
D/d	2.7~3.0	2.0~2.5	1.7~2.2	1.5~2.0	1.4~1.8

③管桩长度应根据计算确定,且不宜小于水泥土桩长度的 2/3。

④管桩可按现行行业标准[1]的有关规定采用 AB 型或 B 型、C 型预应力高强混凝土管桩,不宜采用 A 型桩,直径宜为 300 mm、400 mm、500 mm、600 mm、800 mm。

(6)水泥土复合管桩的布置应符合下列规定:

①对于排数不少于 3 排且桩数不少于 9 根的桩基,基桩的中心距不应小于 $4.5d$,且不应小于 $2.5D$;对于其他情况的桩基,基桩的中心距不应小于 $4.0d$,且不应小于 $2.5D$。

②宜选用中、低压缩性土层作为桩端持力层,桩端全断面进入持力层的长度可按现行行业标准[1]的有关规定执行;当存在软弱下卧层时,桩端以下持力层厚度不宜小于 $3D$。

水泥土复合管桩构造如图 6-5 所示。

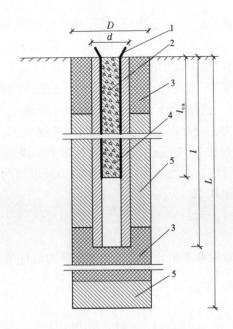

1—锚固钢筋;2—填芯混凝土;3—复喷段;4—预应力高强混凝土管桩;5—水泥土桩

图 6-5　水泥土复合管桩构造

6.2.3　单桩竖向承载力计算

水泥土复合管桩在竖向荷载作用下的工作机制是:其中的管桩承担的大部分荷载通过管桩—水泥土界面传递至水泥土桩,再通过水泥土—土界面传递至桩侧土,管桩—水泥土桩—桩侧土构成了由刚性向柔性过渡的结构。管桩的压入也会挤密水泥土体和桩周土体及桩端的水泥土体(实测资料显示,直径 800 mm 的水泥土桩在压入 400 mm 的管桩后直径可增大至 860~870 mm),使桩周土体与水泥土体接触界面紧密啮合,进而大幅度地提高桩侧摩阻力;由于管桩与水泥土体黏结强度较高(当水泥土的无侧向抗压强度达到 1.5 MPa 时,其抗剪强度可达 300 kPa)。同时管桩—水泥土桩—桩侧土形成的大直径桩也大幅度地提高了桩侧的总摩阻力;同时,由于桩端下的水泥土浆凝固后为较高强度的水泥土体,其端阻力也远远高于天然土体,桩侧摩阻力及桩端阻力的大幅提高,客观上大幅度地提高了桩体的单桩承载力,形成大直径、高承载力的"复合桩"。

按照文献[1]第 4.3.5 条,单桩竖向抗压极限承载力标准值的确定应符合下列规定:

(1)单桩竖向抗压极限承载力标准值应通过单桩竖向抗压静载试验确定,试验方法应按文献[1]执行。

(2)初步设计时单桩竖向抗压极限承载力标准值可按下列公式估算,并取其中的较小值:

$$Q_{uk} = U \sum q_{sik} L_i + q_{pk} A_L \tag{6-1}$$

$$Q_{uk} = u_p q_{sk} l \tag{6-2}$$

$$q_{sk} = \eta f_{cu} \xi \tag{6-3}$$

式中:U 为水泥土复合管桩周长,m;q_{sik} 为第 i 层土的极限侧阻力标准值,kPa,无当地经验时,可取现行行业标准[1]规定的泥浆护壁钻孔桩极限侧阻力标准值的 1.5~1.6 倍;L_i 为水泥土复合管桩长度范围内第 i 层土的厚度,m;q_{pk} 为极限端阻力标准值,kPa,无当地经验时,可按照现行行业标准[1]规定的的泥浆护壁钻孔桩极限端阻力标准值;A_L 为水泥土复合管桩桩端面积,m^2;u_p 为管桩周长,m;q_{sk} 为管桩—水泥土界面极限侧阻力标准值,kPa;l 为管桩长度,m;η 为桩身水泥土强度折减系数,可取 0.33;f_{cu} 为与桩身水泥土配比相同的室内水泥土试块(边长 70.7 mm 立方体)在标准养护条件下 28 d 龄期的立方体抗压强度平均值,kPa;ξ 为管桩—水泥土界面极限侧阻力标准值与对应位置水泥土立方体抗压强度平均值之比,可取 0.16。

6.2.4 桩体强度计算

桩轴心受压时,荷载效应基本组合下的桩顶轴向压力设计值 Q_c 应同时满足下列公式要求:

有管桩段:

$$Q_c \leqslant \psi_c f_c \left(A_p + \frac{A_l}{n_0} \right) \tag{6-4}$$

无管桩段:

$$Q_c - 1.35 \frac{Q_{sl}}{K} \leqslant \eta f_{cu} A \tag{6-5}$$

$$Q_{sl} = U \sum q_{sik} l_i \tag{6-6}$$

式中:Q_c 为荷载效应基本组合下的桩顶轴向压力设计值,kN;ψ_c 为管桩施工工艺系数,取 0.85;f_c 为管桩混凝土轴心抗压强度设计值,kPa,应按现行国家标准《混凝土结构设计规范》(GB 50010—2010)的有关规定取值;A_p 为管桩截面面积,m^2;A_l 为有管桩段水泥土净截面面积,m^2;n_0 为管桩与水泥土的应力比,宜由现场试验确定,当无实测资料时可参照以下建议:水泥土强度为 4~6 MPa 时,n_0 取 30~50;水泥土强度为 4~6 MPa 时,n_0 取 30~50;水泥土强度为 6~10 MPa 时,n_0 取 15~20;水泥土强度为 10~15 MPa 时,n_0 取 10~15;Q_{sl} 为有管桩段水泥土复合管桩总极限侧阻力标准值,kN。

6.2.5 变形计算

这里按照文献[3]提供的变形计算公式进行计算,具体见本书第 4.4.9 节。

6.2.6 典型案例分析

6.2.6.1 郑州东区某地案例分析

1. 工程特征

这里仍以本书 2.5.4 节案例为例加以说明。

拟建工程场地位于郑州东区中牟县境内,地形平坦,地貌单元属黄河冲积平原。

地层见剖面图 2-6,其中上部第①层~第⑥层为稍密粉土与软塑的粉质黏土互层

（Q_4），层底深度 11.9~17.6 m；中部为厚达 18.5 m 的第⑦层中密—密实状细砂（Q_4）；下部为上更新统（Q_3）硬可塑的粉质黏土。20 m 内土层的等效剪切波速 v_{se} 为 184~197 m/s，平均值为 191.0 m/s，本场地覆盖层厚度大于 50 m，本工程场地土类型为中软场地土，建筑场地类别为Ⅲ类。经判别，第②层粉土为液化土层。场地为轻微液化场地。

3. 地下水条件

场地地下水其主要由上部潜水越流补给和侧向径流补给，其排泄主要是人工开采，水位变化主要受人工开采的影响。场地抗浮水位按 1.0 m 考虑。

4. 概念设计思路

从场地建筑特征、地质条件、环境条件，综合对各种方案的适用性、可行性进行分析。本场地采用水泥土复合管桩。

1）桩端持力层选择

根据场地地质条件，桩端持力层可选用第⑦层中密—密实状态的细砂，该层分布稳定，顶板埋深 11.9~17.6 m，层底深度 33.0~35.2 m，层厚 16.6~22.5 m，平均厚度 18.5 m，属低压缩性细砂层，为较好的桩端持力层。

2）设计参数及单桩承载力计算

对稍密土 q_{sik} 取 30 kPa，对密实砂土取 100 kPa，按照式（6-1）计算得到由土与水泥土界面决定的单桩竖向极限承载力标准值为 3 400 kN；由式（6-2）、式（6-3）管桩与水泥土界面决定的单桩竖向极限承载力标准值为 3 510 kN，取其小值，则确定单桩竖向承载力特征值为 1 700 kN。

3）试桩情况

设计水泥土桩（高压旋喷桩）直径 D 为 700 mm，长 17.0 m，设计管桩直径 d 为 400 mm，长 14 m，试桩资料显示，确定的单桩承载力特征值为 2 100 kN。目前该工程已经竣工，沉降正常。

6.2.6.2　郑州东区某项目案例

1. 地质条件

0~14.0 m 为稍密粉土与软塑粉质黏土互层；14.0~25.0 m 为密实细砂；25.0~55.0 m 为粉质黏土；地下水位埋深 5.0~7.0 m。

2. 基础处理方案

采用 MC 复合桩，其中 M 桩为水泥土类桩（粉喷桩）直径 D 为 800 mm，长度 L 为 8.9~10.0 m；C 桩为高强度混凝土桩（预应力管桩）直径 $d=400$ mm，长度为 11.5 m。

3. 实测结果

施工开始于 2014 年 12 月，长度在 8.9~10.0 m 时，单桩承载力特征值在 1 500~1 800 kN，平均 1 650 kN。

6.2.6.3　江苏如东县某项目

1. 建筑结构特征

高层建筑 27 层多栋，一层地下室，基础埋深 5.0 m。

2. 地质条件

属长江下游滨河平原的典型地层。

3.地基处理方案

（1）原设计预应力管桩，直径 500 mm，单桩承载力特征值 2 000 kN，设计桩长 38 m。

（2）采用 MC 复合桩。M 桩：直径 800 mm，长度 14～15 m，水泥掺入量 15%，单桩送灰量 1.8 t，进入场地下 16 m 的中等压缩性的粉质黏土层，承载力特征值为 170 kPa，厚度 4.0 m。单桩承载力特征值 2 000 kN，C 桩为直径 400 mm 的 PHC400AB-(95)，长度 12 m，在粉喷桩施工结束 8 h 内压入，形成水泥土复合管桩，28 d 后静载荷试验，测得单桩承载力特征值为 2 500 kN。

4.经济性比较及建筑物沉降情况

该水泥土复合管桩方案造价为原管桩方案的 48%，建筑物沉降仅 25～31 mm。

6.2.6.4 江苏某小高层住宅项目

（1）地质条件：某高层建筑场地，淤泥质土厚 20.0 m，侧壁摩阻力 f_{sk} 为 40 kPa，以下为粉质黏土，可塑。

（2）地基处理方案：采用 MC 复合桩。

其中 M 桩为水泥土类桩（粉喷桩）直径 D 为 850 mm，长度为 20 m；C 桩为高强度混凝土桩（钢管桩）为直径 d 为 500 mm，长度为 27 m。

（3）实测结果：单桩承载力特征值 1 500 kN，建筑结顶后沉降 49 mm。

6.2.6.5 典型案例 5（山东聊城某高层建筑）

1.建筑结构特征

高层建筑 23 层，二层地下室，基础埋深 7.0 m。

2.地质条件

地貌单元属黄河冲洪积平原，典型的二元结构地层，约 11.0 m 以上以稍密粉土夹软塑的粉质黏土为主，以下为巨厚的中密—密实的细砂层。

3.地基基础处理方案

（1）原设计钻孔灌注桩，直径 600 mm，长度 22 m，以第⑤层细砂为持力层，单桩承载力特征值 1 100 kN。

（2）采用 MC 复合桩（水泥土复合管桩）。M 桩：直径 1 000 mm，长度 21 m，进入第⑤层 10.0 m；C 桩：直径 400 mm，PHC400AB-(95)，长度 14 m，进入第⑤层细砂 3.0 m，在粉喷桩施工结束 8 h 内压入，形成水泥土复合管桩，平均每天施工 3.5 根。28 d 后静载荷试验，单桩承载力特征值 3 100 kN。

4.经济型比较及建筑物沉降情况

该水泥土复合管桩方案造价为原管桩方案的 65%，1#楼建筑物沉降 7.4～25.96 mm，4#楼建筑物沉降 10.2～24.3 mm。

6.2.6.6 范县某高层建筑案例

1.工程特征

拟建工程场地位于濮阳市范县境内，场地地形较平坦；在地貌上场地属于黄河中下游冲积平原上的古黄河低漫滩。由于黄河历次改道和泛滥致使该地区第四纪沉积层较厚。主体建筑由 4 栋 11～15 层的高层住宅楼、2～3 层的商业及配套用房及 1 层地下车库组成，具体工程特征见表 6-2。

表 6-2 工程特征一览表

建筑物名称	地上层数	地下层数	柱距 (m)	整平标高下基础埋置深度(m)	结构类型	基底荷载 (kpa)	数量	单柱最大荷载 (kN)
1#,2#	15	2		6.3	剪力墙	250	2	
3#,5#	11	1		3.2	剪力墙	180	2	

2. 地质条件

本次勘察查明,在钻探所达深度范围内,场地地层均为第四纪地层,根据野外钻探记录、土工试验成果及本区勘察经验将所揭露地层大致划分为七大主层,主要为第四纪全新世—上更新世沉积的粉质黏土、粉土及细砂,其中 0~31.2 m 为粉土与粉质黏土互层,下部为细砂层,如图 6-6、表 6-3 所示。

本场地土属中软土,经估算本场地 20 m 深度内土层的平均等效剪切波速约为 172.7 m/s,本工程场地土覆盖层厚度大于 50 m,故场地类别为Ⅲ类。本场地不存在地震液化土层。

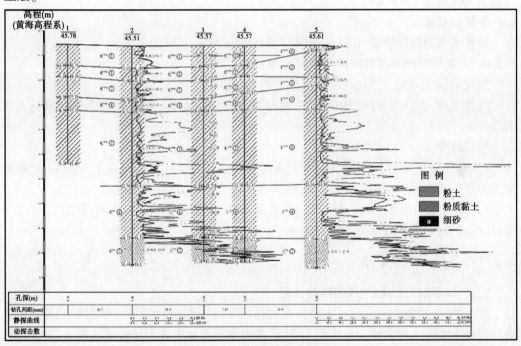

图 6-6 场地典型地质剖面图

3. 地下水条件

在勘察深度范围内有一层地下水,属潜水类型,勘察期间实测稳定水位埋深为 1.6~2.5 m(标高约为 43.9 m),含水层位于第①层中,主要受大气降水及临近沟渠补给。

表 6-3　各层土物理力学性质指标一览表

层号	地层名称	状态	含水率 $\omega(\%)$	天然重度 γ (kN/m^3)	孔隙比 e	液性指数 I_L	塑性指数 I_P	标贯统计修正值 N'	压缩模量 E_{s1-2} (MPa)	承载力特征值 $f_{ak}(kPa)$
(1)	粉土	稍密—中密	28.1	18.4	0.890	0.87	8.3	7.6	8.0	120
(2)	粉质黏土	稍密	31.3	18.7	0.914	0.78	12.0		4.5	100
(3)	粉土	软塑	30.1	18.2	0.881	1.01	8.3	6.8	8.0	120
(4)	粉质黏土	软塑	31.7	18.9	0.901	0.73	12.9		4.5	100
(5)	粉质黏土	软塑	28.1	19.1	0.828	0.44	13.3		6.5	140
(6)	粉土	中密	26.1	19.7	0.734	0.63	8.0	23.0	11.0	180
(7)	细砂	密实	20.6					41	25.0	300

4. 基础处理方案

采用 MC 复合桩,其中 M 桩:水泥土类桩(高压旋喷桩)直径 D 为 800 mm,长度 16 m;C 桩:高强度混凝土管桩直径 d 为 500 mm,长度 11.5 m。以 1# 楼 2# 孔为例,计算的单桩承载力特征值为 1 666 kN。

5. 实测结果

单桩承载力特征值 2 200 kN,建筑封顶后沉降 24 mm。

6.2.6.7　南宁某地高层建筑采用水泥土复合管桩实例

据文献[4],该高层 33F/2F,基底压力约 480 kPa。

地质条件:上部为第四纪粉质黏土和卵石,地面下 12.2~20.0 m 为⑤层中风化泥质粉砂岩。

基础选型:

(1)据该地区经验,以往多采用钻孔灌注桩,桩径 0.8~1.2 m,桩长 12~20 m,单桩承载力特征值 Ra 可达 4 000~5 000 kN,但存在断桩等现象,且成本偏高。

(2)本次采用水泥土复合管桩,用高压旋喷法引孔,直径 800 mm,然后压入直径 600 管桩,经测桩,确定单桩承载力特征值 Ra 可达 3 500 kN。

6.2.7　有关问题的讨论

6.2.7.1　过渡层"水泥土"层的厚度问题

如上所述,水泥土复合管桩在竖向荷载作用下的工作机制是管桩承担的大部分荷载通过管桩—水泥土界面传递至水泥土桩,再通过水泥土—土界面传递至桩侧土,管桩—水泥土桩—桩侧土构成了由刚性向柔性过渡的结构。显然,作为管桩与桩侧土之间的过渡层——"水泥土"厚度不宜太薄,否则无法保证水泥土复合管桩的有效工作。综合多年来对该桩型的大量试验研究成果,水泥土桩直径与管桩直径之差不宜小于 300 mm。

6.2.7.2　管桩与水泥土界面提供的承载力的讨论

由式(6-2)、式(6-3)可知,管桩与水泥土界面极限侧阻力标准值 $q_{sik}(kPa)$ 由水泥土的标准试块强度 f_{cu} 及经验系数 ξ 确定。大量资料显示,当掺入比为 20%~30% 时,经过充分搅拌及复搅的水泥土体强度,对粉土、粉砂可达 3 000~5 000 kPa,对一般黏性土在 1 500~2 000 kPa,但对淤泥质土,水泥土体强度会因施工质量和难度导致离散型较大,不排除有时会小于 500 kPa,因此必须复搅,以充分提高桩端为淤泥质土时的水泥土强度。若以此计算,则管桩与水泥土界面极限侧阻力标准值 q_{sik} 仅为 26 kPa,相当于《建筑桩基技术规范》(JGJ 94—2008)中建议的低值。而大量测桩资料显示,反算所得的管桩与水泥土界面极限侧阻力标准值 q_{sik} 为桩基规范建议的中值的 1.5~1.6 倍。

计算公式里没有考虑管桩桩端的端阻力。对上组合桩(管桩较短时),对桩端为硬化的水泥土提供的端阻力作为安全储备。但因其桩端为硬化的水泥土,且当桩较短时会提前发挥作用,建议极限端阻力标准值 q_{pk} 可按照不低于密实状态的中粗砂端阻力取值,而不是忽略不计。因此,当不考虑桩端阻力时,应对式(6-3)进行优化,去掉桩身水泥土强度折减系数 η;若保持式(6-3)不变,但需要考虑桩端的端阻力,这样才能使利用经验公式计算的结果与实际载荷试验结果更接近。

6.3　潜孔冲击高压旋喷桩(DJP 法)

6.3.1　概述

潜孔冲击高压旋喷桩技术是利用位于钻杆下方的潜孔锤冲击器在冲击下沉过程中产生的高频振动冲击作用,结合冲击器头部喷出的高压空气,对土体结构进行破坏,辅助冲击器上部高压水射流切割土体;在潜孔冲击器的往复冲击作用下,高压水、高压气、高频振动产生联动机制,使周围土体迅速崩解,处于流塑或液化状态。此时高压泵喷射高压水泥浆,流塑状态的土和水泥浆在高压气爆及高频振动作用下充分混合,形成直径较大、混合均匀、强度较高的水泥土混合物。

据了解,该设备机械系统包括长螺旋钻机机架、钻杆组合结构,喷浆装置系统,钻头(冲击器),空压机和供气管路,高压泵和高压管路,制浆系统,供水管路等。高压空气管路与大功率空压机相连,高压注浆管路与高压泵相连,高压泵连接水泥浆制浆系统和供水管路。钻杆采用石油钻探钻杆,钻杆的外径为 90~300 mm(常用 142 mm)。钻头采用潜孔锤冲击器。

这种在长螺旋钻具上设置旋喷装置的方法,拓展了旋喷和长螺旋两种工艺的适用范围,利用潜孔锤高频振动破碎岩石及较硬地层,通过高压旋转喷浆工艺成桩。常用直径 800~2 500 mm,施工桩长从 5 m 到 50 m 不等,功效 120~180 m/d。

潜孔冲击高压旋喷桩止水帷幕、潜孔冲击高压旋喷桩复合地基和潜孔冲击高压旋喷桩复合桩,其中由潜孔冲击高压旋喷桩相互咬合,或与排桩相互咬合形成的阻隔,或减少地下水从围护体侧壁进入开挖施工作业面的连续阻水体,即为潜孔冲击高压旋喷桩止水帷幕,由潜孔冲击高压旋喷桩作为竖向增强体与桩间土共同承担上部荷载时形成复合地基。本节主要讲潜孔冲击高压旋喷桩复合桩,即由潜孔冲击高压旋喷桩与同轴的芯桩(芯桩可采用预制桩或钢筋混凝土灌注桩)复合而成的基桩。

6.3.2 适用地层及优势

6.3.2.1 适用地层

潜孔冲击高压旋喷技术对地层适应性较强,有着其他工艺所不具备的优越性,潜孔冲击高压旋喷技术适用的地层范围:

(1)适用于素填土、冲填土、黏性土、粉土、砂土等地层。

(2)对于碎石土(包括砾石、卵石、漂石、块石等)、杂填土、抛石填海地区、高填方松散回填地层、湿陷性土、膨胀土、红黏土、盐渍土、冻土、混合土、污染土以及风化岩、残积土等地层,应进行成桩工艺试验。

6.3.2.2 其他优势

(1)机械结构简单,采用一次成孔成桩模式,钻杆不用重复拆卸,不用引孔,不用凿除人工探孔混凝土,保证桩体垂直度。新的改进机制,在潜孔冲击器的高频振动下,高压水、高压气、高频振动产生联动机制,成桩直径较大,最大可达到 1 370 mm,且桩身强度较高。

(2)工艺过程清楚,易于施工操作,质量及工期有保证。

(3)废浆排放量小,水泥利用率高,有效地节约了工程成本。

6.3.2.3 与传统的高压旋喷桩施工工艺比较优势

高压旋喷桩用于处理淤泥、粉土、砂土、素填土等土体的地基加固,也可用于深基坑、地铁工程、水利工程等的土体加固和帷幕止水。但普通的旋喷桩,由于施工设备动力较小,在施工砂卵石土、风化岩等较硬地层时,成孔深度、垂直度和成桩直径等质量要素无法得到保证,止水效果不理想,且因其反浆量较大,水泥等材料浪费严重,现场清污工作量很大。

传统的旋喷桩施工,由于工艺和设备落后,一般适用于黏性土、粉土、砂土等一般地基土施工,在人工填海、基岩等复杂地层条件下存在以下成孔难题:

(1)施工设备动力较小,当在卵石、基岩、人工填海、老旧混凝土基础等复杂条件下不依靠引孔钻机引孔无法钻进成孔。

(2)当采用引孔钻机引孔时,在人工填海等回填地层,容易出现钻孔后塌孔现象。

(3)现有引孔钻机动力较小,可满足于粒径较小的卵砾石层和强风化岩层条件下施工;在硬质基岩、漂石层、大块抛石回填地层下成孔表现不佳,表现出成孔效果差、施工效率低等问题。

潜孔冲击高压旋喷钻机就位后,开动动力头旋动钻杆,向钻杆底部的冲击器提供高压空气驱使潜孔冲击器的高频振动直接冲击破碎坚硬地层或块体,向喷头提供高压水射流切割土体,冲击器在高压空气驱动下开始工作,在冲击、振动和高压空气作用下,钻头部分一边破坏土体一边下沉钻进,钻进的同时,冲击器上部的喷头在不小于 20 MPa 的压力下侧向(垂直钻进方向)喷射高压水流,切割软化土体。经过两次的提钻下钻,使钻杆周围一定范围内的土体充分软化,在高压泵转化为喷射高压水泥浆后,通过重复旋喷使处于流塑状态的土、石和水泥浆充分混合,从而形成直径较大、土、石、水泥浆搅拌均匀的混合体。在浆液初凝前1~2小时内将钢筋笼或者预应力管桩压入,形成水泥土复合管桩。

表 6-4 技术指标与国内外同类技术综合对比

名称	高压旋喷桩(三重管)	长螺旋旋喷搅拌帷幕桩	潜孔冲击高压旋喷桩
适用地层	一般土层	一般土层	一般地层及卵砾石、漂石、基岩等复杂地层
布桩方式	支护桩间两根咬合	支护桩间单根布置	支护桩间单根布置
是否引孔	引孔	引孔	无需引孔
所需介质	高压气、水、水泥浆	高压水、水泥浆	高压水、水、水泥浆
成桩深度	>25 m	>25 m	>40 m
成桩效率	80 m/天	160 m/天	220 m/天
成桩直径	600~900 mm	800~900 mm	900~1 400 mm
水泥用量	650 kg×2	600 kg	450 kg
环境影响	返浆量大	弃土+返浆量大	返浆量少

6.3.3 设计参数及构造要求

6.3.3.1 水泥掺量及桩体强度

当无可靠的潜孔冲击高压旋喷复合桩工程经验时,设计前应针对桩长范围内主要土层进行室内水泥土配比试验,选择合适的水泥品种、外加剂及其掺量,并应符合下列规定:

(1)宜选用普通硅酸盐水泥,强度等级可选用 42.5 级或以上,对于地下水有腐蚀性宜选用抗腐蚀性水泥。

(2)水泥掺量不宜小于 15%。

(3)水泥浆的水灰比应按工程要求确定,可取 0.8~1.5。

(4)外加剂可根据工程需要和地质条件选用具有早强、缓凝及节省水泥等作用的材料。

6.3.3.2 构造要求及桩间距

潜孔冲击高压旋喷复合桩的选型应符合下列规定:

(1)水泥土桩直径 D 与管桩直径 d 之差,应根据环境类别、承载力要求、桩侧土性质等综合确定,且不小于 300 mm。

(2)水泥土桩直径与芯桩直径之比可按表 6-7 的规定确定,水泥土强度高者取低值,反之取高值。

表 6-5 水泥土桩直径与管桩直径之比

d(mm)	300	400	500	600	800
D/d	2.7~3.0	2.0~2.5	1.7~2.2	1.5~2.0	1.4~1.8

(3)芯桩长度应根据计算确定,且不宜小于水泥土桩长度的 2/3。

(4)芯桩可按现行行业标准文献[1]的有关规定采用混凝土预制桩、预应力混凝土空心桩或钢桩,直径宜为 300 mm、400 mm、500 mm、600 mm、800 mm。

潜孔冲击高压旋喷复合桩的布置应符合下列规定:

(1)对于排数不少于 3 排且桩数不少于 9 根的桩基,基桩的中心距不应小于 4.5d 且不应小于 2.5D;对于其他情况的桩基,基桩的中心距不应小于 4.0d 且不应小于 2.5D。

(2)宜选用中、低压缩性土层作为桩端持力层,桩端全断面进入持力层的长度按现文献[3]的有关规定执行;当存在软弱下卧层时,桩端以下持力层厚度不宜小于 3D。

6.3.4　单桩承载力计算

初步设计时,仍按照文献[3]单桩竖向承载力特征值进行估算,也可按照本书 5.2.3 节有关内容进行估算,进行施工图设计时应通过场地测桩、试桩资料分析确定。

6.3.5　变形计算

这里仍按照文献[3]提供的变形计算公式进行计算,具体见第 4.4.9 节。

6.3.6　典型案例

某项目采用 DJP 复合管桩:外径 900 mm,长 17 m,内置直径 600 mm 管桩,单桩承载力特征值达 5 500 kN。

参考文献

[1] 宋义仲,徐天平,秦家顺,等.水泥土复合管桩基础技术规程:JGJ/T 330—2014[C].北京:中国建筑工业出版社, 2014.

[2] 邓亚光,等.劲性复合桩技术规程:JGJ/T 330—2014[C].北京:中国建筑工业出版社, 2014.

[3] 黄强,刘金砺,高文生,等.建筑桩基技术规范:JGJ 94—2008[C].北京:中国建筑工业出版社,2008.

[4] 韦超俊.基于广西特殊地层的复合管桩植桩工艺及试验研究[D].南宁:广西大学, 2017.

7 地基基础工程反分析

7.1 岩土工程反分析概述

早在 20 世纪 70 年代(1971 年),Karanag 和 Clough 提出了弹性模量有限元方法,由此拉开了岩土力学位移反分析的序幕。进入 80 年代,在我国得到广泛应用。综观以往有关文献[1-10],大多集中于边坡、隧道、硐室的岩石力学方面的位移及应力反分析。所谓岩土工程反分析,是指以现场实测定量地反应整个岩土系统正常运行的代表性的物理信息量(如位移、沉降、应力等),以已知的几何条件、介质条件、荷载条件等为基础,建立反演模型或本构模型(反映系统运行的数学模型或应力应变关系式),通过反复试算得到该系统的某项或多项初始参数的方法。

按照反分析的内容分为位移反分析、应力反分析及包括位移和应力的混合反分析。其中,因位移资料容易获得、经济方便且精度可靠而得到广泛应用(位移信息实际是场地岩土力学性质、设计方法及施工因素的综合反映),按照在实测位移与待求参数间建立基本关系式(数学模型)的途径又分为解析法和数值法。其中,尤以位移反分析的解析法因边界条件简单、待求参数较少、计算快捷方便而应用广泛。按照工程类别可分为对边坡、洞室、隧道工程的岩土工程反分析。近 20 年来,岩土工程反分析逐渐往基础工程和基坑工程领域延伸。但对建筑工程中的如土质基础工程、土质基坑工程方面的反分析文献较少。

常采用的方法包括解析法、半经验法和数值方法。然而大量有关反分析的文献[1-11]表明,岩土工程反分析特别是数值法反分析因以下原因陷入"名声大、信誉低"的尴尬境地:①反分析模型及结果的实用性问题:反分析一般应以实际应用为目的,但综观多种反分析方法,与工程结合的紧密度较差,目的性陷入误区,实用性比较欠缺;有的甚至追求或陷入本构模型愈复杂愈好,反演参数愈复杂愈好的误区,这也使得反演结果的可靠性愈来愈难以保证,其代表性让人怀疑。②一般忽视施工过程、施工条件对反分析计算的影响,而施工方法、开挖步长对工程变形和应力产生的影响有时比较巨大。而忽视掉这些具体因素的影响,将使得岩土工程反分析失去工程意义。

根据龚晓南院士的调查和分析,岩土工程数值方法仅可用于复杂岩土工程问题的定性分析中。为此他建议,建立岩土本构模型可分为两类即科学性模型和工程适用类模型。笔者支持这种观点。所谓工程适用类模型,即指为解决工程界常见的理论和实际问题而设计,即根据工程类别(如基坑工程、基础工程等)和场地土性特点在概化土层地质条件、明确场地几何条件、荷载条件等基础上运用经验法或解析法建立模型进行岩土工程反分析。笔者提出:利用已有监测数据(如沉降资料),运用专家经验与解析法结合对基础工程、基坑工程的变形参数及力学指标进行反分析,以期取得有关变形和力学参数。该反分析方法应与专家决策法(或经验法)结合,才能得到比较正确的反映整个岩土系统中某个或多个力学参数的代表值。通过对类似场地的多个项目的反分析,不断地勘察设计经验积累和比较、分析,才能形成正确的经验和观点,为类似场地变形和力学指标选用提供借鉴。

具体思路如图 7-1 所示。

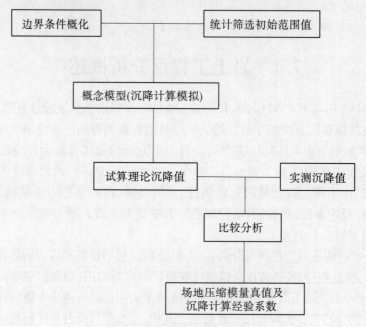

图 7-1　压缩模量反分析思路

7.2　桩基工程沉降反分析

现以郑州东区某高层建筑为例进行说明。

7.2.1　建筑结构及地下结构特点

场地主要建筑物工程特征见表 7-1。

表 7-1　场地主要建筑物工程特征

工程名称	$1^{\#}$、$2^{\#}$、$3^{\#}$、$5^{\#}$、$7^{\#}$、$8^{\#}$、$10^{\#}$、$11^{\#}$地块主楼	$4^{\#}$、$6^{\#}$地块主楼
建筑物层数	32 层	29 层
地下室层数	2 层	2 层
基础埋深(m)	11.0	11.0
基底压力(kN/m²)	560	530
结构形式	框剪结构	框剪结构
地基基础形式	桩基础	桩基础

7.2.2 地质条件及地下水条件

拟建场地位于郑州市区东部,地貌单元属黄河冲积平原,本场地地形平坦,自然地坪高程为91.2~91.8 m,清除上部1.0~1.5 m杂填土,大部分勘探点均布置在清除后的地面上,地面高程为89.90~90.4 m。场地代表性地质剖面图如图7-2所示。

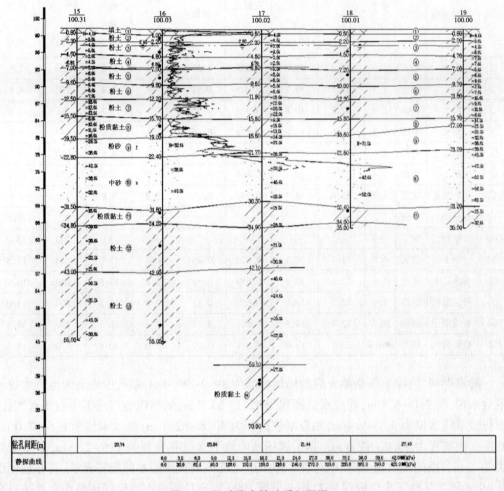

图7-2 场地代表性地质剖面图

7.2.2.1 地层结构特点

场地65.0 m深度内地层按其成因类型、岩性及工程地质特性将其划分为14个工程地质单元层,粗分为三大段,即上部约20 m以上为稍密的粉土和软—可塑的黏性土,工程地质条件较差;中部20~35 m密实的粉细砂层,工程地质条件较好,透水性、富水性也较好;35~65 m为硬塑的粉质黏土和中密—密实粉土,工程地质条件较好。各层土的物理力学指标见表7-2。

7.2.2.2 水文地质条件

勘探深度内,可分为二层水,即18 m以上为潜水,属弱透水、弱富水层,含水层岩性以粉土为主,主要接受大气降雨的补给;18~30 m 为承压水,含水层岩性为粉砂、细砂,属中等富水层,主要接受大量降雨及侧向径流补给,消耗于人工开采。潜水与微承压水二者之间的水力联系密切。

表 7-2　各层土的物理力学指标

层号	地层名称	状态	厚度（m）	含水率 ω（%）	天然重度 γ（kN/m³）	孔隙比 e	液性指数 I_L	塑性指数 I_P	标贯统计修正值 N	承载力特征值 f_{ak}（kPa）	压缩模量 E_{s1-2}（MPa）
①	粉土	稍密	1.9	19.5	19.3	0.885	0.59	7.3	8.6	120	7.1
②	粉土	稍密	2.5	22.2	19.7	0.905	0.59	7.3	5.4	100	4.9
③	粉土	稍密	2.9	22.7	19.8	0.915	0.50	7.5	5.2	90	4.2
④	粉土	中密	2.2	23.6	19.9	0.879	0.66	7.7	5.6	140	9.0
⑤	粉质黏土	软塑	1.6	33.0	18.6	0.957	0.76	16.0	4.8	110	4.2
⑥	粉土	中密	2.4	22.9	20.1	0.866	0.56	7.1	6.4	170	12.6
⑦	粉质黏土	软塑	4.3	32.0	18.7	0.981	0.73	15.2	5.8	120	4.6
⑧	粉砂	中密	1.7	—	—	—	—	—	16.7	220	20.0
⑨	细砂	密实	10.2	—	—	—	—	—	30	260	23.0
⑩	粉土	密实	4.8	21.2	20.1	0.620	0.46	8.0	15.0	220	15.5
⑪	粉质黏土	硬塑	5.4	22.6	20.1	0.659	0.38	12.7	13.5	240	10.2
⑫	粉质黏土	硬塑	9.1	22.2	19.9	0.668	0.37	12.8	15.5	260	11.0
⑬	粉质黏土	硬塑	10.0	22.4	19.9	0.661	0.23	13.4	18.5	250	10.8
⑭	粉质黏土	硬塑	未揭穿	22.2	19.6	0.679	0.29	13.6	20.9	270	11.2

　　勘察期间,清除上部杂填土后的场地标高为 89.9~90.4 m,钻孔中所测的地下水位为混合水位,为 7.0~8.1 m,相应水位高程为 82.1~83.2 m;场地内专门施工了两眼观测孔,测得微承压水位为 8.1~9.4 m,相应水位高程为 80.8~82.1 m;潜水水位为 6.5~7.0 m,相应水位高程为 83.2~83.6 m。据了解场地内地下水位年变幅为 1.5~2.0 m,多年变幅为 4~5 m。根据我公司 1974 年对整个郑州市区统一调查浅层水的资料显示,其邻近场地在 1974 年 2 月地下水位埋深为 3.1 m,另据 1990 年 6 月河南省地矿厅环境水文总站提交的《郑州市浅层地下水水文地质图》,场地附近地下水位埋深 1.9~2.7 m,按年变幅水位 1.5~2.0 m 考虑,以此确定场地历史最高水位应在 1.0 m,相应水位高程在 89.0 m。

7.2.3　基础选型

　　根据场地地质特点(上软下硬)、上部建筑结构及地下结构特点(荷载要求高)及工期要求快的特点,经分析与论证,确定本工程采用静压预制管桩,在郑州同类工程中有较多成功的经验,具有施工速度快、质量高、无噪声、承载力直观的特点。

　　从本场地的地层情况看:上部为相对软弱地层、无硬夹层,下部为⑨层密实细砂层。⑨层细砂顶面起伏较小,为 1~3 m,大部分地段层面坡度多小于 10%;⑨层细砂顶板埋深比较适宜,为 19~21 m,相应的有效桩长为 8~10 m,部分地段为 6.0 m。与复合地基相比,沉降量较小。从临近场地高层建筑的沉降观测结果表明,选用以⑨层密实细砂为桩端持力层的高层建筑沉降量仅为 2 cm 左右。根据试桩成果,确定本工程采用筏板下满堂布桩,设计桩径 400 mm,桩中心距 1.4 m,梅花形布桩,有效桩长 10 m 的静压预应力管桩桩基方案。

7.2.3.1　地质条件的概化

为简化计算模型,提高反分析的准确度和参数的实用性,具体可概化为四个工程地质段,与该基础工程有关的工程地质单元层为第Ⅰ段粉土层、第Ⅱ段粉质黏土层、第Ⅲ段粉细砂层和第Ⅳ段粉质黏土层。

第Ⅰ段以黄色粉土为主,稍密,属新近沉积,包括第①~④层粉土四个工程地质层,厚9~10 m。

第Ⅱ段由灰色、灰黑色稍密粉土与软塑的粉质黏土互层组成,包括⑤~⑦三个工程地质层,层底深度 19 m 左右。

第Ⅲ段以灰黄色粉砂、细砂为主,夹薄层粉土,中密—密实,包括第⑧层和第⑨层粉细砂层,层底深度在 32 m 左右。

第Ⅳ段以数层可塑—硬塑的粉质黏土层为主夹粉土层,包括第⑩~⑭层。

各工程地质段主要工程地质特征见表 7-3。

表 7-3　工程地质特征

工程地质段	岩性名称	地基承载力特征值 f_{ak}(kPa)	压缩模量 E_s(MPa)
第Ⅰ段	粉土	90~130	4.2~8.5
第Ⅱ段	粉质黏土	110~160	4.2~6.6
第Ⅲ段	粉细砂	260	23
第Ⅳ段	粉质黏土	220~260	10.2~14.5

7.2.3.2　边界条件概化及荷载条件的确定

该主楼 32 层,筏板基础,概化尺寸为长方形:$L/B = 42/30 = 1.4$,采用预应力管桩 $\phi = 400$ mm,概化桩距为 $s_a = 3.5d = 1.4$ m,估算附加压力取值为 $P_0 = 398$ kPa。

7.2.3.3　沉降计算模式的选择及计算

采用规范建议的方法。

按照文献[11]第 5.5.6 条,桩基任一点最终沉降量可用角点法按下式计算:

$$s = \psi \cdot \psi_e \cdot s' = \psi \cdot \psi_e \sum_{j=1}^{m} p_{0j} \sum_{i=1}^{n} \frac{z_{ij}\overline{\alpha}_{ij} - z_{(i-1)j}\overline{\alpha}_{(i-1)j}}{E_{si}} \qquad (7\text{-}1)$$

式中:s 为桩基最终沉降量,mm;s' 为采用布辛奈斯克(Boussinesq)解,按实体深基础分层总和法计算出的桩基沉降量,mm;ψ 为桩基沉降计算经验系数;ψ_e 为桩基等效沉降系数;m 为角点法计算点对应的矩形荷载分块数;p_{0j} 为第 j 块矩形底面在荷载效应准永久组合下的附加压力,kPa;n 为桩基沉降计算深度范围内所划分的土层数;E_{si} 为等效作用面以

下第 i 层土的压缩模量,MPa,采用地基土在自重压力至自重压力加附加压力作用时的压缩模量;z_{ij}、$z_{(i-1)j}$ 为桩端平面第 j 块荷载作用面至第 i 层土、第 $i-1$ 层土底面的距离,m;α_{ij}、$\alpha_{(i-1)j}$ 为桩端平面第 j 块荷载计算点至第 i 层土底面深度范围内平均附加应力系数。

桩基沉降计算地层结构如图 7-3 所示,地基沉降计算见表 7-4。

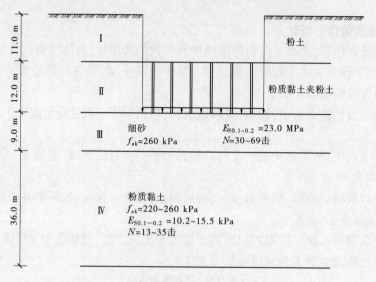

图 7-3 桩基沉降计算地层结构示意图

表 7-4 地基沉降计算

z_i (m)	z_i/b	$\overline{\alpha}$	$z_i\alpha_i$	$z_i\alpha_i - z_{i-1}\alpha_{i-1}$	p_0	E_{si}	p_i / E_{si}	$\sum s_i$ (5)×(8)
0	0	0.25	0		398	45	8.844	
9	0.3	0.248 0	2.232	2.232	398	45	8.844	19.74
36	1.2	0.222 9	8.024	5.792	398	11	15.92	92.21
合计								111.95

(1)根据文献[13]5.5.8,桩端下计算深度取 45 m。$a/b = 42/30 = 1.4$,$z/b = 36/30 = 1.2$,查表得 $a = 0.171$。

$$\sigma_z = \sum_{j=1}^{m} a_j p_{0j} = 0.171 \times 434 = 74.2(\text{kPa})$$

$$0.2\sigma_c = 0.2 \times (18 \times 2 + 10 \times 34) = 0.2 \times 376 = 75.2(\text{kPa})$$

(2)满足 $\sigma_z \le 0.2\sigma_c$,桩基计算深度取 45 m。

$$\overline{E_s} = \frac{2.232 + 5.792}{\dfrac{2.232}{45} + \dfrac{5.792}{45}} = \frac{8.024}{0.281\,6} = 28.5$$

(3)内插 $\psi = 0.56$,求 ψ_e。

$$s_a = 1.4, l_c/B_c = 42/30 = 1.4, l/d = 12/0.4 = 30$$

$$n = 42 \times 30 / 1.697 = 707 \, (\text{根})$$

查表得:$n_b = \sqrt{\dfrac{n b_c}{l_c}} = \sqrt{707 \times 30 / 42} = 22.5$

$$\begin{cases} c_0 = 0.069 \\ c_1 = 1.655 \\ c_2 = 11.519 \end{cases}$$

$$\psi_e = c_0 + \frac{n_b - 1}{c_1(n_{b-1}) + c_2} = 0.525$$

计算得到 s 为 30.1 mm。

7.2.3.4　确定合理的初始参数

通过反复试算确定反分析的变形参数。采用不同压缩模量计算的桩基沉降量见表 7-5。

表 7-5　采用不同压缩模量计算的桩基沉降量

计算选用压缩模量 Ⅲ/Ⅳ E_s(MPa)	45/11	50/13	55/15
压缩模量当量 $\overline{E}_s$(MPa)	28.5	33.8	34.3
桩基沉降计算经验系数 ψ	0.560	0.512	0.507
桩基等效沉降系数 ψ_e	0.525	0.525	0.525
s'(mm)	111.9	84.0	77.4
桩基最终沉降量 S(mm)	30.1	22.6	20.5

7.2.3.5　实测结果

本工程结顶后建筑角点实际沉降量为 14.2~17.5 mm。

另外,郑州东区类似建筑类似地层类似桩型下实测沉降量多在 20 mm 左右。该高层建筑在不同阶段的沉降量见表 7-6。

表 7-6　该高层建筑在不同阶段的沉降量

序号	分类	沉降量(mm)
1	±0.00 m 以下沉降量　(估算)	6~8
2	±0.00 m—结顶时沉降量	14.2~17.5
3	稳定时沉降量	16.6~19.8

计算结果表明,在 0.4~0.6 MPa 压力下,第Ⅲ段细砂压缩模量取 45 MPa、50 MPa、55 MPa(估算),对应砂层底板下的第Ⅳ段粉质黏土层压缩模量分别取 11 MPa、13 MPa、15 MPa 进行计算,经反复计算,当桩端下砂层压缩模量采用 50~55 MPa,砂层以下的粉质黏土压缩模量采用 13~15 MPa(0.4~0.6 MPa 压力下)符合场地实际沉降情况。

采用理论计算量与实际监测结果比较接近。假定地质条件概化和 p_0 估算、沉降计算模式比较符合实际。

参考文献

[1] 刘怀恒.地下工程位移反分析原理、应用与问题[J].西安矿业学院学报,1988(3),1-9.

[2] 杨林德,等.岩土工程问题的反演理论与工程实践[M].北京:科学出版社,1996.

[3] 王芝银,杨志法,王思敬,等.岩石力学位移反演分析回顾及进展[J].力学进展,1998(4),488-498.

[4] 吉林,赵启林,冯兆祥,等.岩土工程中反分析的研究进展[J].水利水运工程学报,2002(12),57-61.

[5] 吴立军,刘迎曦,韩国城.多参数位移反分析优化设计与约束反演[J].大连理工大学学报,2002,42(4),413-418.

[6] 刘勇健,李子生.岩土工程位移反分析的智能反演[J].地下空间,2004(1)84-88.

[7] 郭艳华,郭志昆,等.岩土工程反分析的初步探讨[J].四川建筑科学研究,2006(6),105-108.

[8] 陈方方.岩土工程反分析方法研究现状与若干问题探讨[J].水利与建筑工程学报,2006(9),54-58.

[9] 武晓晖,宋宏伟.岩土工程反分析法的应用现状与发展[J].矿业工程,2003(5),29-33.

[10] 徐晓宇.岩土工程数值分析中反分析方法探讨[J].山西建筑,2011(5),47-48.

[11] 黄强,刘金砺,高文生,等.建筑桩基技术规范:JGJ 94—2008[S].北京:中国建筑工业出版社,2008.

[12] 朱丙寅,娄宇,杨琦.地基基础设计方法及实例[M].北京:中国建筑工业出版社,2012.

[13] 中华人民共和国住房和城乡建设部.建筑地基基础设计规范:GB 50007—2011[S].北京:中国建筑工业出版社,2012.